KB271367

우리 아이가 하루 종일
인터넷만 해요

인터넷·게임에 빠진 내 아이를 위한
게임과몰입상담치료센터 교수들의 조언과 해법

우리아이가 하루종일 인터넷만 해요

한덕현·이영식·신의진·손지현 지음

시공사

우리는 매일같이 진료실에서 억울함, 화남, 황당함 등이 함께 버무려진 표정의 아이 혹은 덩치만 큰 어른을 마주한다. 그 뒤로 약간 비스듬한 방향에는 단호함과 망설임이 정확히 반반인 표정의 부모가 있다. 지켜보는 입장에서는 자신이 다른 친구들과 비교해 게임을 별로 많이 하는 것도 아닌데 정신과로 끌고 온 부모에 대한 분노로 가득 찬 아이의 심정도 알 만하다. 다른 한편으로는 얼마나 속이 타들어갔으면 아이를 병원까지 강제로 끌고 왔겠느냐는 부모님의 심정 또한 이해가 된다.

이렇게 진료실에서 부모와 아이의 서로 다른 모습들을 보고 있으면, 이것이 바로 부모-자식 세대 간의 전쟁이라는 것을 실감한다. 인터넷 문화에 익숙한 아이들에 비해 상대적으로 미숙한 부모 세대(기성 세대)는 이에 대한 불안감이 클 수밖에 없다. 이런 차이가 두 세대의 간극을 더욱 강화시키는 것 같다. 인터넷 중독 혹은 게임 사용 장애는 어느 한 아이, 어느 한 사람의 문제가 아닌 아이, 부모, 학교, 사회 모두가 관심을 가지고 치료와 관리, 유지에 신경을 써야 할 총체적인 문제다.

흔히 필자들이 받는 요청 중에서 가장 곤란한 것은 '인터넷 중독' 혹은 '인터넷 게임 장애'를 자가 진단할 수 있는 간단한 설문지를 달라는 것이다. 심지어는 '설문지 점수가 몇 점에서 몇 점 사이면 인터넷 중독이냐?' '하루에 몇 시간 인터넷을 사용하면 중독이냐?' '몇 시간 게임을 하면 인터넷 게임 장애냐?' 같은 더욱 단순화된 대답을 원하는 경우도 많다. 마치 혈당이 몇 이상이면 당뇨병이고, 혈압이 얼마 이상이면 고혈압인가 하는 식의 질문이다.

하지만 인터넷 중독은 간단한 기준 하나를 놓고 판단할 수 없다. 인터넷은 이미 게임을 할 때뿐만이 아니라 우리 생활의 전반에 걸쳐 사용되고 있기 때문에, 양적인 기준을 가지고 판단하는 것은 오히려 진단의 정확성을 떨어뜨린다.

또 아이에게 인터넷 중독 혹은 인터넷 게임 장애의 진단을 붙여 낙인찍는 것은 신중해야 한다. 단순한 설문 점수, 사용 시간을 기준으로 진단을 내리게 되면, 정작 이를 발생시킨 종합적인 이유를 무시할 수 있기 때문에 더욱 그렇다. 주의를 기울여야 할 것은 진단 자체가 아니라, 경고 신호다. 책의 '진단 기준' 편에서 더 자세히 다루겠지만 인터넷 중독 혹은 인터넷 게임 장애의 경고 신호는 다음과 같다.

첫째 한마디로 '일상생활의 파괴'다. 지나친 인터넷 사용으로 낮에 깨 있고, 밤에 자는 가장 기초적인 생활 패턴이 무너진다.

둘째 학교나 직장에서 능률이 떨어진다. 즉 학교에서 성적이 떨어지거나 학교나 직장에 잦은 지각, 결석, 조퇴를 한다.

셋째 인터넷 사용 문제로 가족 간의 불화가 끊임없이 이어진다.

넷째 인터넷 외에 다른 일상생활이 없다. 친구와의 다른 놀이, 운동, 가족과의 여행 등 삶의 다른 생활이 줄어들어 거의 없는 상태다.

다섯째 온라인/오프라인의 대인관계 균형이 무너진다. 즉, 오프라인에서 대인관계의 폭이 확연히 줄어들거나 온라인상의 대인관계가 지나치게 늘어난다.

덧붙여 인터넷 중독에 대한 연구는 IT의 역사 자체가 그렇듯이 오래되지 않았음을 밝혀둔다. 하여 객관성을 유지하기 위해 신의진, 이영식, 손지현 교수님께 공저를 강하게 부탁드렸다. 나와 생각이나 시각이 일치하지 않는 부분이 있어도 두 분이 기술하신 그대로를 함께 책에 옮겼다. 그러면서 또 한번 배우고, 느끼고, 중립적 접근의 중요성에 대해 생각하게 되었다.

아무래도 인터넷의 부작용을 많이 접하는 상황에서 다양한 관점과 연구를 소개하는 것이 독자들에게 도움이 될 것이라 생각한다. 함께 책을 쓴 교수님들은 각각 그분들의 경험과 연구를 바탕으로 이 문제를 이해하고 있으며, 아직 연구 역사가 길지 않은 상황에서 무엇이 옳고 그른지를 명확히 판단하기에는 이른감이 있다.

그동안 아직 확정되지 않은 인터넷 중독 혹은 게임 사용 장애 등의 진단 기준과 치료법, 관리 상황 등이 책을 통해 발표되는 것이 다소 무리라는 생각으로 그간 책 출판을 미뤄두었다. 하지만 인터넷 중독 혹은 게임 사용 장애 때문에 고통받고 있는 가정에 도움이 되고 싶다는 바람에서 출간을 결심했다.

현재까지 나와 있는 연구 및 논문 데이터와 2011년 6월부터 운영된 게임과몰입상담치료센터를 통해 얻은 임상 상황에 대한 소개가, 인터넷 문화에 대한 선입견과 불안을 줄이고 나아가 관련 문제로 고통받고 있는 사람들에게 도움이 되었으면 좋겠다. 아울러 IT와 아이들의 문제를 다루는 전문가들과 정책 연구가들에게도 이 책이 좋은 팁이 되기를 바란다.

한덕현

1990년대 청소년들 사이에서 심각하게 문제가 되었던 본드, 부탄가스 등의 물질-약물 중독substance addiction은 거의 사라지고, 대신에 2000년대 들어서면서 인터넷 중독이라는 소위 행위 중독behavior addiction이 큰 사회적 문제로 대두된 시점에 우리는 살고 있다.

인터넷 중독에 빠진 청소년들은 등교를 거부하고 학업을 포기하거나, 게임 아이템을 사거나 PC방에 가기 위해 절도와 거짓말을 하기도 한다. 이는 가정 내 불화와 폭력, 가출로까지 이어진다. 게임과 현실을 구분하지 못하는 이상행동을 보이는 경우도 있다. 최근 문제가 되고 있는 학교폭력 저변에도 인터넷 중독 문제가 내재되어 있다고 볼 수 있다.

보다 나은 미래를 위한 준비로 한창 동분서주해야 할 청소년들이 만사를 제쳐놓고 오로지 게임을 하고자 하는 욕구에 빠져,

점점 더 나락에 빠져드는 것을 지켜보아야 하는 부모나 교사, 동료 친구들은 이런 모습이 안타까울 뿐이다.

이제 인터넷 중독이란 것이 실제 중독이냐 아니냐 하는 논란을 넘어서, 인터넷 중독으로 고통받는 부모와 자녀들을 위한 치료가 절실한 시점이다. 인터넷 중독 치료는 거대한 빙산을 녹이는 것에 비유할 수 있다. 수면 위로 보이는 10퍼센트도 안 되는 빙산을 녹이는 것이 아니라 수면 아래 보이지 않는 90퍼센트 이상의 거대한 빙산을 녹여야 하는 것이다. 인터넷 중독 현상 자체를 제거하는 것이 목표가 아니라, 환자 개인의 스트레스, 가족 갈등 등의 보이지 않는 문제를 제거하는 것이 치료의 궁극적인 목표라는 말이다.

따라서 인터넷 중독을 치료하기 위해서는 다각적이고 총체적인 방법이 모두 동원되어야 한다. 인터넷 중독에 빠져들게 되는 선행 요인, 유지 요인, 재발 요인을 파악해서 개개인에 맞는 처방이 나와야 한다. 인터넷 중독 환자에게서 흔히 동반되는 ADHD, 우울 장애는 물론 갈망 욕구 감소를 위해, 개인 정신 치료와 가족 치료는 물론 약물 치료와 청소년기에 가장 유용하다고 알려진 집단 인지행동 치료가 함께 실시되어야 한다.

우리 중앙대학교병원 게임과몰입상담치료센터의 치료 프로그램은 성인 및 청소년을 위한 인지행동 치료 매뉴얼과 기존에 국내에서 만들어져 있는 인터넷 중독 치료 전략매뉴얼을 참조하고 있다. 또한 치료 대상이 주체성을 확립하고, 발달과제를 수

행해야 할 청소년 혹은 젊은 성인이라는 연령별 특이성을 고려하여 이와 관련된 주제를 삽입했고, 인지행동 치료를 바탕으로 정신 치료기법도 함께 사용했으며, 치료팀의 일원으로서 가족이 중요하므로 가족 치료를 포함시켜 총 12회기로 구성해놓고 있다. 또한 집단 치료 구성 시 우울증 등의 정서-감정 문제를 동반한 내현화 그룹과 충동성-공격성 문제를 동반한 외현화 그룹으로 나누어 차별성을 두었다.

그간 인터넷 과몰입 문제로 우리 센터를 찾아온 이들에게 이를 적용해본 결과, 효과가 있다고 자평하고 있다. 비록 완전치 못하지만, 이 책에서 소개되는 매뉴얼들이 많은 분들께 도움이 되기를 바란다. 또한 향후 보다 나은 매뉴얼을 위한 아낌없는 조언을 부탁드린다.

이영식

아이들은 몸이 커 가면서 마음의 발달을 한다. 아이들을 돌보던 소아청소년정신과 의사로 일하다 국회의원으로서 일하게 된 내가 느낀 것은, 나라도 아이의 몸과 마음과 마찬가지로 성장하고 발달한다는 것이다. 1960년대 국민소득 1,000불 시대에서 2014년 국민소득 2만 불을 훨씬 뛰어 넘는 OECD국가에 이르는 과정에서 우리는 뼈를 깎는 고통, 승리의 환희, 동반성장의 요구, 미래 가치의 재창출 등 다양한 대한민국 성장을 볼 수 있었다. 이제 그 성장과 발달과정 중에 디지털 세상이 놓여 있다.

이전 책《디지털 세상이 아이를 아프게 한다》에서 나는 디지털 기기를 처음 접하는 아이들에게 부모가 가이드라인을 제시해주는 안내자 역할을 해야 한다는 디지털 페어런팅을 이야기했다. 이번 책을 통해서는 한 걸음 더 나아가 IT 문화와 관련된 청소년과 부모들의 이야기를 해보려 한다. 그리고 조금 더 큰 야망인 디지털 세상을 지배하자는 제안을 하고 싶다.

디지털 세상의 지배는 무조건 못 하게 하고, 규제하는 쪽이 아니라, 청소년들이 스스로 조절할 수 있는 문화를 만드는 것이다. 그리고 그 문화 조성을 위해 이영식 교수님과 한덕현 교수님의 의견에 함께했다. 재미있는 것은 두 분은 게임과몰입상담치료센터를 통하여 전국에 있는 청소년 및 성인들의 인터넷 사용에 대한 부작용을 만나고 돌보는 분들임에도 불구하고, 게임에 중립적인 시각을 가지고 아이들에게 다가가고 있으며, 게임을 이용한 교육과 치료의 분야에까지 관심이 있다는 것이다. 어쩌면 진정한 디지털 세상의 지배는 그런 중립적인 시각을 가지고 스스로를 조절하는 것에서 시작하지 않을까라는 생각을 하게 되었다.

디지털 세상은 인류의 상상력을 극대화해서 살 수 있게 하는 요술상자가 될 것이다. 하지만 그 요술상자는 준비된 자에게만 꿈을 실현하게 하고, 반대의 경우에는 중독 등 각종 부작용으로 피폐한 삶을 살게 할 수 있다. 두뇌 성장이 빠른 어린아이 때부터 새로운 디지털 세상을 제대로 준비하는 지혜가 그 어느 때보다 필요하다.

신의진

1장

양날의 검, 인터넷

다음은 흔히 볼 수 있는 우리 어른들의 일상이다.

33세 회사원 수현 씨는 아침에 일어나 밤새 잘 볶아진 커피를 확인하고, 모닝 커피를 마시러 오는 손님들을 준비하는 클릭을 한다(아이러브 커피). 회사까지 가는 지하철 안에서 30분 정도 프로야구 감독이 되어 오늘의 경기를 멋지게 승리했다(마구마구 게임). 같은 전철 안의 주위 다른 사람들 또한 스마트폰에 얼굴을 파묻고 자신만의 게임, 아프리카TV, 소설 속에 빠져 직장으로 학교로 향한다. 회사에서는 열심히 일하다가 가끔씩 쉬는 시간에 하늘섬에 갇혀 있는 동물 친구들을 대마왕으로부터 구

인터넷은 이제 우리 여가문화에서 큰 축을 담당하고 있다. 단지 게임을 플레이하는 것뿐만 아니라 도서, 만화, 영화, 보드게임, 동호회 등 다양한 여가문화와 연관되어 있어 지금의 젊은 성인은 물론 어린아이, 청소년 들에게는 일상과 떼려야 뗄 수 없는 놀이도구가 되었다. 그중에서도 특히 게임은 아이들의 창의력과 운동능력을 키운다는 긍정론도 있었지만, 아이들의 뇌를 망가뜨린다는 반대 논리도 있어 그에 대한 논란이 끊이지 않고 있다.

인터넷 게임은 양날의 칼과 같은 장단점을 지니고 있다. 우선 시간과 장소에 구애받지 않고 쉽게 접근할 수 있으며 혼자서도 할 수 있다는 것이 장점인 동시에, 기다리는 습관이 사라지고 홀로 고립될 수 있다는 단점이 있다. 또한 게임 속 채팅 시 익명성의 보장이라는 것도 사이버 세상에서 자유로운 의견 제시를 통한 사회 참여라는 장점을 가지는 반면, 부정확한 정보를 유포하거나 책임감 없이 상대방을 공격하는 일이 벌어질 수 있다는 단점도 있다.

앞의 사례에서 수현 씨는 하루 동안 온라인 세상에서 바리스타, 야구 감독, 친구를 구하는 기사, 프로게이머 등의 서로 다른 스테이지에서 서로 다른 인생을 살았다. 하지만 현실을 떠나 자기 일상생활을 놓친 적은 없다. 이런 수현 씨를 게임 중독자 혹은 인터넷 중독자로 취급한다면 오히려 그렇게 보는 사람을 이상하게 생각할 것이다. 그래서 인터넷 게임을 균형 있게 이용하는 것이 무엇보다도 중요하고, 때때로 단점으로 치우치지 않았는지 점검해볼 필요가 있다.

균형 있는 시각을 바탕으로 공격적인 게임을 한번 살펴보자. 공격적인 게임이 혐오감을 주고 아이들에게 공격적 성향을 불러일으킨다는 것은 이미 만연된 부정적 시각이다. 하지만 어떤 사용자에게는 공격성을 분출할 수 있는 기회를 줌으로써 이를 해소시키는 결과를 낳기도 하고, 어떤 사용자에게는 반복함으로써 공격성을 강화시키는 결과를 낳기도 한다. 또한 게임은 행위의 결과에 대한 즉각적이고 지속적인 피드백을 주어서 사용자가 좌절 상황에 대해서 인내하고 고민할 필요가 없게끔 만든다.

그런가 하면 인터넷 게임은 시각-운동 협응력協應力이 요구되는데, 이는 연습을 거듭할수록 성장하는 것을 보여주고 통제력, 성취감 등을 경험하게 해준다. 특히 동료들과 함께 인터넷 게임을 통해 경쟁을 하고 승패를 가르는 기회를 얻는 것도 게임이 인

기 있을 수 있는 하나의 요소이다.

인터넷 게임에 빠지게 되는 이유는 다양하다. 우선 게임은 아쉬움에 끝까지 도전하게 만드는 마력이 있다. 또 우리 안에 잠재되어 있는 파괴 본능과 성취 욕구를 파워맨으로 대신하여 만족시켜준다. 특히 온라인게임은 항상 새로운 상대를 만나고 게임 환경을 변경할 수 있어서 현실보다는 재미가 강력한 가상공간, 캐릭터를 통한 대리만족 등의 이유로 쉽게 빠질 수 있다.

이러한 게임 콘텐츠 자체의 특징에 더하여, 초기 아동기부터 인터넷 게임을 하는 습관을 들인 경우, 언제 어디서든 온라인 접속이 가능한 환경, 지나친 학업 위주의 생활 패턴으로 인해 늦은 밤에 확보되는 놀이 시간, 그리고 가족 간의 놀이가 부족한 여가 시간 또한 게임에 빠지게 되는 요인으로 볼 수 있다.

IT에 대한 사람들의 이해도가 어느 정도인지 알아보려면, 스파이크 존즈 감독의 영화 〈그녀Her〉를 떠올려보자. 이 영화는 다른 사람의 편지를 대신 써주는 주인공이 인공지능 체제 속의 완벽한 가상현실의 여인 사만다를 만나 사랑하게 되는 내용으로, 사랑과 관계, 소통에 대해 생각해보게끔 한다. 만약 2014년 개봉한 이 영화가 10년 전에 개봉했다면, 지금처럼 영화 박스오피스 1위, 아카데미 상, 골든글로브 상의 수상이라는 기염을 토했을까?

과거에는 잘생기고, 성격 좋고, 용감하고, 돈 많고, 역경을 극복하고 성공하고야 마는 완벽한 조건의 남자와 예쁘고, 똑똑하고, 성격 좋고, 운까지 좋은 여자가 만나는 이야기가 많았다. 하지만 이제는 잘생기지도 않았고, 외롭고 평범하고, 무료한 남자 주인공의 상상과 가상의 공간이 영화의 주요 스토리가 된 것이다. 그리고 사람들이 그것을 이해하는 것은 물론 마음속 깊이 공감하게 된 결과 각종 영화제를 휩쓸게 된 것이다.

하지만 이 영화가 과연 우리나라 40~50대에게 얼마만큼 공감을 얻고, 재미를 가져다 주었는지는 의문이다. 그만큼 우리 사회는 세계 1~2위를 다투는 IT 산업 위상에 걸맞지 않게 세대 간에 그 이해도의 차이를 보이고 있기 때문이다.

지금 우리는 세대 간 IT 문화의 이해도가 너무도 다른 시대에 살고 있다. 한 세대는 우리가 IT 문화에 종속되어 있다고 여기고, 한 세대는 우리가 IT를 너무나 잘 발전시켜 정말 살기 좋은 세상에 살고 있다고 말한다. 결국 IT 문화와 병행의 로맨스를 즐기느냐, 아니면 종속되어 노예로 살고 있다는 걱정에 빠져 사느냐의 문제다. 병행이란 따로 또 같이의 개념으로 상대방과 동등한 입장에서 나란히 걸어가는 것이고, 종속이란 내 갈 길을 모르고 상대방이 가는 길에 무작정 딸려 붙어가는 것이다. 결국 이것은 IT에 대한 이해와 조정 및 정제 능력에 따라 달라질 수 있다.

IT에 대한 이해도가 높은 10대는 이 관계를 로맨스라 생각하고, IT에 대한 이해도가 상대적으로 낮은 40~50대 부모는 종속이라 걱정한다. 아이러니컬하게도 IT에 호의적인 10대들 사이에서는 조정 및 정제 능력이 떨어져 종속의 문제가 자주 일어나고, IT에 호의적이기 어려운 40~50대 사이에서는 조정 및 정제 능력이 상대적으로 높아서, 병행하며 사는 데 어려움이 없다.

문제는 아이들이다. PC와 인터넷이 급속도로 발전하면서 우리 아이들이 인터넷 문화에 여과 없이 노출되고 있다. 특히 말을 배우고 상호작용을 통해서 인격을 형성하고 지식을 갖추어야 할 유아들이 태블릿 PC를 가지고 손으로 터치하고 드래그하는 모습을 보면, 이것이 IT 천재를 위한 조기 교육인지, 아니면 부모도 어쩔 수 없는 인터넷에 정복된 사례인지 고민하게 된다.

한편으로는 기존의 문화와 지금 문화의 충돌로 보이기도 한다. 글(기존의 문화)을 읽기도 전에 PC 화면(지금의 문화)에 매혹되는 아이들을 보면서, 이렇게 이른 시기에 통제력 없는 아이가 PC 환경에 노출되는 것이 나중에 인터넷 게임의 조절 능력을 잃어버리는 시초가 될 수 있다는 생각도 드는 것이다.

더욱이 단순히 '게임을 지나치게 재미있게 만들어서 아이들을 중독에 빠뜨렸다'는 식의 논리가 인터넷 및 게임에 대한 세대 간 생각의 차이를 더욱 벌리고 있지는 않나 싶다. 따라서 이미 우리 생활 속에 깊숙이 자리 잡은 인터넷 게임 문화에 대해 알아보고, 세대 간의 격차를 줄이기 위한 노력한다면, 부모 세대와 아이들 세대가 겪고 있는 갈등과 고통을 같은 시각에서 고민해볼 수 있는 계기가 마련되지 않을까.

2009년도 교육방송^{EBS} 〈다큐 프라임 '아이의 사생활Ⅱ'〉에서는 아이들의 게임 문제에 관한 상당히 흥미로운 실험을 했다. 아이가 게임을 너무 많이 해서 문제가 된 가정의 아이와 부모에게 함께 게임을 하게 한 것이다. 이렇게 해서 부모에게 아이를 이해시킬 뿐만 아니라 게임까지 이해시켰다. 아이가 왜 게임에 빠져드는지, 그리고 왜 그만두기를 꺼리는지 알게 된 것이다.

방송에 나온 부모들은 한결같이 게임을 직접 해보니까, 우선 아이와 대화가 통하고, 부모가 아이를 이해하는 만큼 아이가 부모를 이해하고 따라서, 어떻게 훈계하고, 어떤 길로 인도해야 할지 방향이 섰다고 이야기했다.

우리 부모들의 청소년 시절을 한번 떠올려보자. 주위에 아버지와 같이 팝송을 듣거나 유행가를 부르는 친구가 있으면 말이 잘 통하는 부모님을 둔 것 같아 부러워했던 기억이 있을 것이다. 그런가 하면 헤드폰을 귀에 달고 몸을 흐느적거리며 좋아하는 가수의 노래를 듣고 다니는 자신의 모습을 부모님이 한심스럽다는 눈초리로 바라보아서 상처받았던 기억도 있을 것이다. 지금 우리 아이들도 이와 마찬가지다.

아이들의 세계에서 게임은 현실 세계에서 공부나 운동, 잘생긴 외모를 기준으로 세워놓은 순위만큼이나 의미가 있는 것이다. 현실 세계에서 인정받는 분야와 이유가 다양한 만큼 온라인상에서 그들이 인정받는 분야와 이유도 다양하다. 그리고 그 다양한 분야는 게임의 종류로 표현되기도 한다.

물론 일상생활로 바쁘고 게임에 소질조차 없는 우리 부모들이 게임을 즐긴다는 것은 어려울 수 있지만, 내 아이가 좋아하는 게임이 어떤 것인지 최소한의 지식을 갖는 것은 중요하다고 생각된다. 그런 의미에서, 먼저 게임의 장르에 대해서 알아보자.

게임을 하려면 컴퓨터, 스마트폰 같은 기기가 필요하고 그 기기 안에서 작동되는 게임 자체, 즉 소프트웨어가 필요하다. 마치 우리가 비디오나 DVD를 보려면 비디오 혹은 DVD 기계와 실제 상영되는 영화 자체가 있는 것과 똑같다. 이런 기계를 플랫폼이라 부른다. 이 플랫폼에 따라 게임을 온라인게임, 모바일게임, 비디오게임, PC게임, 아케이드게임, 휴대용 게임 등 크게 여섯 가지로 구분할 수 있다.

먼저, 온라인게임은 아이들이 가장 흔히 PC방에서 즐기는 게임이다. 인터넷 네트워크를 통해 서버에 접속하여 주로 함께 접속되어 있는 타인과 게임을 진행한다. 2012년도에 우리나라 온라인게임 시장은 6조 7,369억 원 규모로 집계되었다. 온라인게임은 국내에서도 많은 이용자들을 보유하고 있고, 해외 시장에서도 세계 2위 자리를 지키고 있는 등 성장세이다.

두 번째 모바일게임(휴대폰게임)은 최근 가장 급속하게 늘어나고 있는 유형으로 휴대폰, PDA 등의 모바일기기를 이용하여 즐기는 게임이다. 휴대폰이나 PDA에 내장되어 있는 게임이나 모바일 인터넷에 접속하여 다운을 받아 이용하는 게임을 모두 포함한다. 스마트기기의 보급 확대와 성능의 향상, 모바일 광고 시장의 성장 등으로 모바일게임의 발전은 당분간 계속될 것으로 보인다.

세 번째 비디오게임(콘솔게임)은 가정 내 텔레비전이나 모니터에 게임 전용기기(콘솔)를 연결하여 이용하는 게임이다. 조이스틱이나 조이패드 등을 게임 전용기기에 연결하여 진행하는데, 일본에서는 가정용 게임 혹은 텔레비전게임이라 부르기도 한다. XBOX, 플레이스테이션 등이 대표적인 비디오게임기다. 최근에는 비디오게임기기가 스마트폰과의 경쟁에서 밀리면서 시장이 많이 좁아졌다.

네 번째 PC게임은 PC(개인용 컴퓨터)에서 CD, 이동식디스크 등의 저장 장치에 수록된 게임물을 작동시켜 즐기는 게임이다. 말 그대로 컴퓨터 소프트웨어로 실행시켜 모니터를 보면서 키보드와 마우스로 진행하는 게임이다. 온라인게임에 밀려 잠시 주춤했다가 최근 일시적으로 이용이 다소 늘어나기도 했지만, 점차 온라인게임과 모바일게임에 밀려나게 될 것으로 예상된다.

다섯 번째 아케이드게임(게임장용 게임, 오락실 게임, 게임제공업용 게임)이란 학교 앞 오락실과 가족 단위 휴양지의 지하에 설치되어 있는 게임장에서 흔히 볼 수 있는 게임을 말한다. 동전을 넣고 조이스틱을 사용하거나 체감형으로 진행되는 게임으로, 불과 10여 년 전만 해도 쉽게 볼 수 있었다.

여섯 번째 휴대용 게임이란 휴대용 게임 전용기기를 이용하여 즐기는 게임으로 포터블 게임**Portable Game** 또는 핸드헬드 게임**Hand held Game**이라고도 불린다. 게임 전용기기를 기반으로 한다는 점에서 비디오게임에 포함되거나, 휴대하기 쉽다는 점에서 모바일게임에 포함되기도 한다. 대표적으로 일본의 닌텐도DS가 잘 알려져 있다.

다음으로 가장 인기 있는 온라인게임에 대해 좀 더 살펴보자. 온라인게임의 종류는 수천, 수만 가지는 될 것이다. 그리고 그 많은 게임을 다시 장르로 구분하면, 다시 수백 가지로 구분될 것이다. 최근 연구 결과에 따르면 게임의 장르에 따라 이용자들의 특성 또한 차이가 있다. 게임 전문가들이 보면 터무니없다 할 수 있지만, 이해를 돕기 위해 아주 단순하게 구분해보면 다음과 같이 네 가지로 나누어볼 수 있다.

첫째 RPG^{Role Playing Game}(역할 수행 게임)는 게임 이용자(게이머)가 게임상의 한 캐릭터, 즉 특정 역할을 맡아 주어진 목표를 수행하는 게임을 말한다. 이런 역할을 한 게임 안에서 여러 사람이 맡아서 동시에 접촉하여 다른 여러 사람의 캐릭터와 협동하거나 경쟁하며 생활하는 RPG를 MMORPG^{Massively Multi-Player Online Role Playing Game}(대규모 다중 역할 수행 게임)라 한다. MMORPG는 점차 광범위하게 이용하고 있으며, 리니지, 메이플스토리, 디아블로, 월드 오브 워크래프트, 테라, 아이온 같은 게임이 대표적이다.

MMORPG의 특징은 게임에서의 끝없이 연속되는 시리즈와 즉각적인 다양한 게임 보상 기제^{mechanism}들이 게임을 계속 진행하게 만든다는 것이다. MMORPG를 지나치게 많이 하는 이용자들을 연구한 결과들을 종합해보면, 이들은 다른 게임 장르 이용자들에 비해 높은 사회적 불안과 사회적 회피 양상을 보였다. 이는 이들 이용자들이 사회적 상황에 대한 높은 불안정감으로 인해 현실로부터의 도피와 안정을 추구하는 한 방편으로 MMORPG를 하게 되고, 이것이 결국 높은 게임 과몰입을 유발하는 것으로 볼 수 있다.

둘째 FPS^{First Person Shooting}는 총이나 포 등을 쏘아 목표물을 격추시키는 1인칭 시점의 슈팅 게임을 의미한다. 게임 속 캐릭터의 시점과 이용자의 시점이 동일해야 하기 때문에 보통 3D방식으로 제작되며, 따라서 다른 게임에 비해 사실감이 높은 편이다. 흔히 가상공간에서 벌어지는 전쟁 게임으로 많이 표현되었다. 1990년대에 엄청난 인기를 끈 울펜슈타인 3D가 FPS 게임의 시초라 할 수 있다. 이어서 등장한 둠이라는 게임 역시 성공을 거두었고 써든어택, 스페셜포스 등이 대표적인 게임으로 자리매김함으로써 FPS의 대중화가 이루어졌다.

연구 결과, FPS만을 지나치게 많이 하는 이용자들은 MMORPG 이용자들과 달리 다른 어떤 게임 장르 이용자들보다도 상대적으로 낮은 사회적 불안도를 보였다. 이전의 다른 연구에서도 대부분의 FPS 게임을 하는 사람들은 혼자서 게임하기를 즐기지 않고, 그들의 사회적 소통 욕구가 FPS 게임에 할애하는 시간과 관련 있다고 알려졌다. 또한 이들은 더 경쟁적이고 모험심을 즐기는 성향이 있어, 결국 이러한 성향의 연장선으로 다른 게임 장르 이용자들보다 낮은 사회적 불안도를 보이는 듯하다.

셋째 전략 시뮬레이션Strategy Simulation 게임은 전투와 같은 모의 상황에서 이용자의 전략을 가지고 겨루는 게임이다. 장기나 바둑처럼 한 번은 내가 하고 한 번은 네가 하는 턴turn 형식으로 상대방과 교대로 공격을 하는 것이 아니라, 상대방과 동일한 시간에 공격도 하고 수비도 하는 동시 모션을 취할 수 있어서 RTSReal Time Strategy(실시간 전략 게임)라고도 한다. 1990년대 후반부터 2000년대 중반까지 우리나라를 강타했던 스타크래프트,

2010년 전후를 시작으로 요즘까지도 한창 대대적인 인기를 끌고 있는 리그 오브 레전드가 대표적이다.

이런 게임들은 자신의 전략과 전술을 사용하고 또 동시에 여러 가지 일을 하는 다중처리능력multi-tasking이 필요하다. 연구 결과, RTS 이용자들은 다른 게임 장르 이용자들보다 높은 자존감을 보이는 특징이 있었는데, 이는 자신감이 높을수록 RTS 게임에서 주어지는 여러 가지 전략적 시뮬레이션 정보 처리를 더욱 흥미롭고 긴장감 있게 느낄 수 있음을 보여준다. 개인의 이러한 자신감은 다중 시뮬레이션 전략을 짜기 위한 판단력과 결정 능력을 극대화시키고 불안감을 낮춰주어, 결국 게임 내의 수행 결과를 높여주는 것으로 보인다.

그 밖의 게임으로는 아케이드게임(테트리스 등), 캐주얼게임(애니팡 등), 스포츠게임 등이 있다. 이들 게임들은 앞선 다른 장르들에 비해 다소 규칙이 단순하고 게임 결과가 빠르게 드러나고 다시 손쉽게 새로운 게임 시뮬레이션에 임할 수 있다는 특징이 있다. 일반적으로 낮은 연령층이나 여성층에게 인기가 많아 남녀노소 할 것 없이 휴대폰으로 캐주얼게임을 하고 있는 모습을 지하철 등에서 쉽게 볼 수 있다.

이들 게임 장르 이용자들은 앞선 다른 장르 이용자들보다 높은 우울감을 보이는 특징이 있다. 우울감이 상대적으로 높은 사람이 덜 도전적이고 다소 가볍게 즐길 수 있는 게임을 찾으려 하는 욕구와 맞물려 이러한 게임 장르를 선호하게 된다고 볼 수 있을 것이다.

　이처럼 게임의 종류에 따라 이용자의 특성이 다르게 나타난다는 것을 알고 있으면, 게임에 대한 몰입도가 과도하게 높아졌을 때 효율적인 대처방법을 찾을 수 있다. 각각의 게임 장르에 몰입하는 행태는 다를 수 있으며 이에 대해서는 개별적인 맞춤 치료가 필요하다.

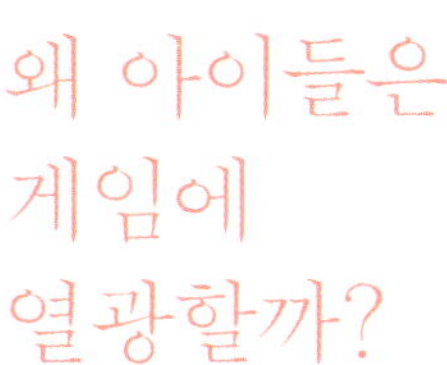

왜 아이들은
게임에
열광할까?

자신만의 공간에 대한 욕구

청소년기는 생물학적으로나 발달심리학적으로나 가장 불안정하며 변화가 많은 시기다. 다른 시기에 비해서 '자극 추구'가 높고 '위험 회피'가 낮다. '일상'은 고리타분하고, '일탈'은 창조적이라고 느낄 수 있다. 그래서 종종 사소한 자극에도 큰 화를 내고, 평소보다 과감한 행동을 하게 된다. 여기에 성장호르몬과, 성호르몬의 급증으로 성충동, 공격성, 격한 감정이 외부로 분출되기도 한다.

그렇게 해서 만들어진 청소년 문화는 어른들의 생각에 반대

되는, 반항적인 모습을 띠기도 한다. 청소년들은 때론 현실에 소속감을 느끼고 순응하려 노력도 해보지만, 안 될 때는 가상의 세계를 넘나들며 자신을 위로하고 자기를 만들어간다. '정체성'을 확립해나가는 것이다.

이 과정에서 청소년들은 스스로를 창조적이라 믿고 있지만 사실은 어른들을 모방하는 일이 많다. 우리 때는 어른들을 흉내 내며 담배도 입에 물어보고, 몰래 소주를 사다가 마시는 등의 간헐적 일탈 행위를 하곤 했다. 또《젊은 베르테르의 슬픔》을 읽고 잠자리에서 눈물을 흘려보기도 하고, 밤늦게 라디오에서 흘러나오는 DJ의 목소리를 들으며 그려낸 상상 속의 여인 때문에 가슴 한켠이 찡해지기도 했다. 그렇게 나만의 시간과 공간을 통해 감정적으로 성장해나간 것이다.

그런데 이제는 새로운 공간이 생겼다. 단지 머릿속에서만 존재하는 것이 아니라, 클릭만 하면 눈앞에 펼쳐진다. 바로 인터넷 가상공간이다. 하지만 아쉽게도 이 인터넷 가상공간을 공부도 더 하고, 인생도 더 산 우리 부모 세대는 잘 알지 못한다. 아이들이 더 많이 안다. 그러니 부모는 불안해지기 시작한다. 잘 모르기 때문이다. 여기에 매스컴은 불안을 더욱 가중시키고 있다. '인터넷 게임을 하다가 부모를 죽인 자식이 있다던데…' '폭력적인 게임을 하다가 사람을 해쳤다던데…' 결국 부모들은 자신이 잘 모르는 영역에서 아이가 무엇을 할지 모른다는 불안감에 결국 '감시'의 눈길을 보내게 된다.

하지만 인터넷과 가상공간에 익숙한 아이들은 이 사적인 공간을 부모가 모르는 더 비밀스러운 공간으로 만들 수 있다. 더군다나 인터넷 게임 속에서 현실의 통제나 한계를 벗어나 원하는 대로 상상의 캐릭터를 설정해 다양한 역할을 실험해볼 수 있다. 단지 게임일 뿐이라는 비교적 안정된 상태에서 자신의 감정적 스트레스를 마음껏 분출할 수 있고, 익명성이 보장되기 때문에 지킬 박사와 하이드처럼 마음속의 다중 인격을 표현해도 누구에게도 비난을 받지 않는다. 또한 길드에 가입하여 게임자 간에 우호적인 관계를 형성하여 소속감을 느끼게 된다.

자신이 속한 그룹의 인정과 칭찬

청소년 시기는 개인적이면서도 소속이 있어야 하는 아이러니컬한 시기다. 자신의 색깔, 즉 개성이 분명하지 않기 때문에 이를 찾아나가는 시기이면서, 또 자신의 색깔이 분명하지 않기 때문에 집단에 속함으로써 그 색깔을 유지하면서 안정감을 찾는 이중적인 시기다.

보통 청소년 시기에 우리 아이들이 속해 있는 그룹은 성적(공부를 잘하는 학생 vs. 못하는 학생), 외모(잘생긴 학생 vs. 못생긴 학생), 대인관계(친구관계를 잘 맺는 학생 vs. 못 맺는 학생) 등 능력이 우선시되는 경우가 많다. 그래서 청소년 자신은 이런 그룹들이 다른 사람의 판단에 의해서 속하게 되는 수동적이며 상당히 어색한 집단이라고 생각한다. 그런데 여기 인터넷이라는 자신의 능력을 발휘할 수 있는 자연스러운 집단이 생긴 것이다.

인터넷 게임은 그룹 게임이다. 그룹 게임은 서로 다른 집단 간에 경쟁을 유발한다. 그룹 안에서는 협동심이 발휘되며, 다른 사람으로부터 자신이 한 일에 대한 인정을 받게 된다. 그 칭찬과 인정은 전 세계 지역에 퍼져 있고, 특정 시간대에 구애받지 않고 계속될 수 있다. 이러한 인터넷 게임의 특성을 잘 활용한다면 청소년들은 갈등 해소 등 심리발달 측면에서 긍정적 효과를 얻을 수 있지만, 반대로 인터넷 게임의 지배를 받게 될 경우에는 부정적 결과를 얻을 수밖에 없다.

불안, 우울 등으로 인한 현실 도피

게임 중독 위험이 높은 청소년들은 다음과 같은 특징을 가지고 있다. 먼저 선천적으로 중독 성향을 타고난 아이들이 있다. 이 아이들은 정말로 게임이 재미있어서 계속한다. 처음에는 호기심, 자극 추구의 목적으로 게임을 접하고, 나아가 게임의 원리가 파악될 때까지 계속해 결국 끝장을 본다. 그런데 우리 필자들이 전국에서 모여든 아이들을 진료하고 있지만, 정말 이런 아이들은 극소수다. 대부분이 동반 질환이나 가정 환경의 결손 등의 이유로 게임 중독에 빠진다.

또 불안-우울 수준이 높은 아이들이 흔히 '게임으로의 현실 도피적인 측면'이 있다고 알려져 있다. 하지만 실제로 아이들에게 '네가 게임을 통해 현실 도피를 한다'고 이야기하면, 너무 어려운 말이라 그런지 몰라도 아이들은 '그렇지 않다'고 답한다. 하지만 '할 일이 없어서 게임하지?'라고 물어보면 '그렇다'고 많이들 답한다. 다시 말해 '학업과 각박한 일상생활을 따라가지 못해서 늘어져 있는데, 그냥 할 일이 없으니까, 무의미한 마우스 클릭만 하고 있다'는 표현에는 아이들이 동의한다.

어찌 보면 같은 이야기인데, 모든 것을 다 포기하고 숨어 있다는 '현실 도피'라는 무거운 단어보다는 '무의미한 마우스질'이 아이들에게는 더 잘 통하는 말이다. 어쨌든 아이들의 우울감을 호소하며 일상생활에 지쳐 있는 모습이 과도한 게임 이용으로 어른들에게 보여지게 되는 것이다.

현실 세계에서 대인관계에 대한 불안감이 높고, 친밀함에 대한 두려움이 크고, 또 낮은 자존감, 신체적 열등감, 우울증이 있는 사람들은 그 도피처로 게임이라는 가상세계에서 안정감과 대리 만족, 위안을 얻으려 하기 때문에 게임에 쉽게 빠져든다.

이때 우울증이란 말 그대로 우울한 기분이 지나쳐 일상생활에 지장을 주는 것을 말한다. 하지만 아이들은 어른들과는 달리 인지, 사고, 감정의 발달이 아직 미숙한 상태이기 때문에 겉으로는 우울한 감정이나 의욕 저하 등의 전형적인 우울 증상을 보이지 않는 경우가 많다. 그 대신에 짜증이 많아지고, 평소와 다른 행동이나 모습을 보이거나, 반항적이고 공격적인 행동을 하거나, 성적이 급격히 떨어지거나, 학교생활에서 문제행동을 일으키는 등의 모습을 보인다.

이런 아이들에게는 아무한테도 통제받지 않고 원하는 대답만을 골라서 들을 수 있는 가상세계가 자기 기분에 따라 다르게 반응해주는 부모보다 훨씬 더 위로를 주는 공간일 수 있다.

'자신이 조절할 수 있는 위로'라는 면에서 우리 아이들은 어쩌면 어려서부터 훈련이 되었는지도 모른다. 지금으로부터 20여 년 전에는 유아들이 비디오에 중독되었다는 기사를 흔히 볼 수 있었다. 육아를 힘들어하는 부모들이 아이들을 텔레비전 앞에 앉혀놓고 볼일을 보곤 했는데, 아이는 비디오를 볼 때는 조용하지만 보지 않을 때는 산만함과 불안감을 느낀다고 기사들은 말했다. 그런데 지금 패밀리 레스토랑이나 브런치 카페에서 아이들을 의자에 앉혀놓고 스마트폰을 쥐어준 채, 대화를 이어가고 있는 부모들의 모습이 이와 크게 다를 바 없다.

일본에서는 5~6년 전부터 엄마들이 모유 수유를 하면서 아이와 눈을 맞추는 것이 아니라, 스마트폰을 보고 있다는 사실에 심각한 우려를 표하고 있다. 수유, 식사 같은 일상생활에서 부모와 아이의 눈맞춤, 작은 감정의 교류와 대화는 애착 반응에 근간이 되는 것이며, 이는 청소년기 성장에 불안 조절과 이별, 자기 안위에 큰 영향을 미치게 된다.

주의력결핍 과잉행동장애^{ADHD} 역시 게임 과다 사용의 중요한 위험 인자 중 하나다. 따라서 ADHD의 조기 진단 및 치료가 이러한 게임 관련 문제들을 예방하는 데 있어서도 매우 중요하다. 흔히 ADHD 자녀를 둔 부모들은 "의사 선생님 우리 아이는 다른 건 몰라도 컴퓨터 게임은 몇 시간이고 꿈쩍도 않고 집중해서 하는데 진짜 ADHD 맞나요?"라는 질문을 자주한다. 그에 대한 대답은 "바로 그게 ADHD 특징입니다"라는 것이다.

ADHD는 집중력 장애, 과잉행동, 충동성 증상을 3대 특징으로 한다. 다시 말해 전두엽의 기능 즉, 자기조절 능력이 떨어져 깊이 생각하기 싫어하고, 지겨운 것을 못 참고, 기다릴 줄 모르며, 시간 관리 능력이 떨어지는 것이다. 이들에게 순간적인 빠른 자극에 즉각 반응하고 바로 보상이 나오는 컴퓨터 게임은 그야말로 안성맞춤이다. 그래서 ADHD 아동들은 더 쉽게 게임 중독에 빠지게 되는 것이다.

실제로 게임 관련 문제로 치료기관을 찾아오는 아이들 중 상당수는 ADHD 증상을 함께 가지고 있다. 따라서 ADHD에 대한 적절한 치료를 통해서 게임 관련 문제도 같이 호전되는 경우가 많다.

게임 중독자와
프로게이머는
어떻게 다를까?

먼저 한 프로게이머의 하루 일과를 따라가보자.

새벽 5시 30분, 어제 10시까지 피 말리며 진행된 경기에서 아쉽게 패배한 일 때문에 밤새 잠을 설쳤다. 거의 다 이긴 경기의 마지막 3분…. 셔틀의 본진 드롭은 정말 상상도 못 하고 있었다. 본진 방어에 모든 저력을 다 쏟아부었을 텐데, 언제 셔틀은 뽑았고, 언제 템플러는 두 개를 뽑아서 거기에 태우고 왔는지, 정말 귀신 같은 솜씨였다. 어쨌든 순간적으로 집중력을 잃어서 다 이긴 경기를 놓쳤다. 마지막 플레이오프로 가는 티켓이 위태로워진 것이 모두 내 잘못인 것 같다.

우리 팀의 동현이는 어제 오랜만에 6드론 저글링 한 방으로
단 5분 만에 경기를 마무리하여 경기 초반 한창 기분이 좋았
을 텐데, 마지막에 내 부주의한 실수 하나로 좋은 기분을 망
친 것 같아 미안하다. 이불 속에서 괴로운 생각은 그만하고 이
층 침대 위에서 자고 있는 동현이를 깨워서 아침 운동을 가자
고 해야겠다.

아침 7시, 작년부터 게임단에서 선수들의 체력 향상을 위해 게
임단 숙소 근처에 있는 헬스클럽 회원비를 보조해주기 시작하
면서 관심 갖게 된 몸만들기가 의외로 재미있다. 하루 10시간
이 넘게 경기 연습을 하다 보니, 어깨, 손목, 목, 등이 뻐근하고
아프기 시작했는데, 그래도 운동을 시작하고 난 이후로는 통증
도 많이 없어지고 기분도 많이 좋아졌다. 한 달에 한 번, 다른
구단과 갖는 축구 경기에서도 10~20분은 더 뛸 수 있는 것으
로 봐서는 확실히 체력도 향상된 것 같다.

오전 9시, 숙소 이모님의 식단은 정말 다양하고 맛있다. 하긴
아침 식사 시간에 밥만 먹는 것이 아니라 동료들과 아침 계획
을 잡고, 전략 회의 전에 사전 미팅 형식으로 대화도 많이 하
는 등 생산적인 일을 많이 해서 뿌듯함이 더해지기 때문인지
도 모른다.

오전 10시, 본격적인 연습이 시작되었다. 난 테란, 상대는 프
로토스. 4일 뒤 K팀과 한판 승부를 위해서는 제2게임과 4게임
은 반드시 이겨야 한다. 그런데 쉽지 않다. 상대편에 강력한 테

란과 프로토스 유저가 우리의 승리를 가로막으리라 예상된다. 30분간 감독님, 코치님과 작전 회의를 했다. 그리고 승리를 위해서 어떤 작전과 기량을 더욱 연습해야 하는지에 대한 지시를 듣기도 했다. 오후까지 15경기를 연습하고 승률을 7할 이상으로 맞추어야 한다.

오후 4시, 한 시간의 개인 휴식 시간이 있다. 대학을 다니고 있는 여자친구가 내 전화를 제일 기다리는 시간이기도 하다. 학과 수업과 개인 사정으로 바쁠 텐데, 내 전화를 기다려주니 고맙기만 하다. 그래도 방송 게임에 나갈 수 있는 나는 비교적 알려진 게이머라 다소 자랑스럽게 생각해주니 다행이지만. 아직 방송 게임 데뷔를 하지 못한 찬성이는 한 달 전부터 새롭게 사귄 여자친구를 볼 낯이 없다고 다소 의기소침해져 있다. 하지만 내가 볼 때는 곧 찬성이에게도 기회가 올 것이다. 화려하게 내뿜는 찬성이의 마린-메딕 조합 공격은 웬만큼 방어력이 좋은 프로게이머도 막기 어렵다. 특히 저그 유저는 찬성이에게 한번 걸리면 쉽지 않을 것이다.

나도 찬성이 같은 시기가 있었다. 전국의 PC방 리그 예선과 드래프트를 거쳐 프로구단에 지명되기까지는 상상도 못할 만큼의 경쟁률을 뚫었다. 6,000 대 1의 경쟁률을 뚫고 들어왔다고 이야기하는 사람도 있다. 그 정도 경쟁률이면 소위 SKY 대학의 웬만한 학과 경쟁률을 뛰어넘는 것이다. 그러니 그저 게임 좀 한다고 프로게이머가 되겠다는 친구들을 보면 이런 경쟁과 스트레스를 견딜 수 있겠느냐고 물어보고 싶다.

2주 전에 한 박사님이 프로게이머가 되겠다고 고집 피우는 고등학교 2학년짜리 게임 중독 학생 하나를 데리고 우리 팀에 왔다. 그 학생은 자신감에 차 있었고, 나와 한판 붙고 싶다고 했다. 나를 단 한 판이라도 이기면 집에서 프로게이머가 될 수 있게 밀어주겠다고 했다나 뭐라나…. 감독님이 중간에 말리셔서 나는 나서지 않았다. 아직 프로게이머로 등록되지 않은 우리 팀 막내 연습생 인성이와 게임을 하게 해주었다. 10전, 10패…. 그 학생은 인성이에게 10번을 다 졌다. 한 번 경기에서 10분도 견디지 못했다. 나를 비롯한 우리 팀 프로게이머들이 모두 통쾌해했다. 프로게이머는 게임 중독자가 아니다, 이 녀석아….

저녁 10시, 이제 하루 일과를 정리하고 다들 연습장을 떠난다. 하지만 4일 뒤 출전하는 선수들은 아직 작전을 짜고 연습을 하는 데 여념이 없다. 신기에 가까운 유닛 컨트롤과 신출귀몰한 이 작전은 윤 코치님이 일 년 동안 아끼고 아껴서 성민이에게 제시한 작전으로 내가 볼 때는 제갈공명이 와도 못 막는다. 이번에 성민이는 무슨 일이 있어도 꼭 승리를 따낼 것 같다.

숙소로 돌아가면서 어머니와 통화를 했다. 자주 찾아뵙지도 못하고, 연락도 잘 못 드려 죄송하다고. 실제 얼굴보다 방송에 나오는 아들의 얼굴을 더 좋아하시는 어머니의 목소리를 들으며 숙소로 돌아와 또 내일을 준비한다. 11시, 텔레비전 예능 프로그램을 간단히 시청하고 머리 피로가 풀리면 내일 또 치열한 경쟁을 위해 잠이 든다.

한번은 프로야구단과 프로축구단의 심리 자문을 맡고 있는 필자에게 재미있는 전화 한 통이 걸려 왔다. 프로야구 선수 출신으로 지금은 프로게임단 감독이 된 젊은 감독님의 전화였다. "프로게임은 스포츠이고 그 어떤 상황보다 다이내믹하며 정신력과 집중력이 필요한 경기이기 때문에 스포츠 정신의학이 꼭 필요합니다. 도와주십시오."

그렇게 한 프로게임단과 동행할 수 있는 기회를 갖게 되었다. 연습실에서 같이 식사도 하고, 24명의 선수단 전원의 뇌기능검사와 심리검사는 물론이고 일상생활의 관리와 평소 심리에 대해서도 같이 이야기했다. 용산의 프로게임장 뒤편에서 선수와 경기를 하기 전에 같이 다음 작전을 짜고, 경기가 끝난 후에는 경기 중의 집중력과 경기 운영에 대한 피드백도 할 수 있었다. 프로야구단의 덕아웃 상황과 거의 다를 바가 없었다.

덕분에 프로게이머들의 계획된 수행planed performance, 수행 불안performance anxiety, 선택적 집중력selective attention, 경기 승패 후 발생하는 감정의 변화 등, 경기 중 발생할 수 있는 심리적 인지적 변화를 모두 관찰할 수 있었다. 프로게이머들이 'PC방 폐인'이 아닌, 억대 연봉을 받는 '아이들의 스타'일 수밖에 없는 이유가 이해되는 순간이었다.

　프로게이머들은 하루 10시간이 넘게 게임 플레이를 한다. 게임 중독자 역시 그렇다. 하지만 이 두 집단 간에는 분명한 개인적 환경적 차이가 있다. 먼저 프로게이머들은 웬만한 명문 대학보다 어려운 경쟁률을 뚫고 연습생으로 구단에 들어왔다. 또 20여 명이 넘는 프로선수들과의 경쟁에서 살아남아서 본경기에 출전하는 주전선수가 되기까지는 4~5년이 넘는 후보선수 생활을 거쳐야 한다. 자기 동네나 학교에서 웬만큼 게임을 잘한다고 우겨봐도 이곳에 오면 그냥 연습생 수준도 안 된다. 또한 프로게이머들은 규칙적이며 조직적인 게임 연습 시간, 구단의 관리, 게임 플레이를 위한 체력 안배, 영양가 높은 식사, 규칙적인 생활 리듬 등의 환경에 있다는 것도 큰 차이다.

　뇌영상 연구에서도 재미있는 차이를 확인할 수 있다. 게임에 중독된 아이들이 같은 실수를 자꾸 반복하는 것에 반해, 프로게이머들은 같은 실수를 줄이는 비율이 현저하게 높으며, 일반인보다도 뛰어난 것으로 밝혀졌다. 다중처리능력에서도 빼어난 모습을 보였다. 이들 프로게이머들은 다중처리능력과 관계있는 전두엽 부위가 더욱 두꺼워져 있었다. 반면에 게임에 중독된 사람들은 전두엽 부위보다는 즐거움이나 쾌락과 관련 있는 기저핵 부위가 두꺼워져 있었다.

　우월한 개인 능력의 차이가 이런 뇌 부위의 생물학적 차이로 인한 것인지, 조직적이고 체계적인 훈련과 파탄적 행동의 차이가 이런 뇌 부위의 차이를 만든 것인지는 확실히 알 수 없지만, 단면적으로 볼 때, 두 집단은 일상생활, 행동, 생물학적인 면에서 모두 확연하게 차이가 있었다.

우리 게임과몰입상담치료센터를 찾아오는 청소년들 중에서 자기는 게임을 잘하니까 무조건 프로게이머가 되겠다고 부모와 싸우다 오게 되는 경우도 많다. 그때 우리는 이들의 다중처리능력과 인내심, 반복된 실수 등을 측정한다. 그리고 냉정하게 현실과 아이 자신의 능력에 대해 이야기한다. 간혹 아이를 공부하는 쪽으로 잘 설득해줄 줄 알고 병원에 왔다가 오히려 프로게이머로서 자질이 풍부하다는 것을 알고 당황하는 부모도 있고, 프로게이머로서 재능이 전혀 없다는 이야기를 듣고 눈물을 뚝뚝 흘리거나 사납게 대들다가 진료실을 박차고 나가는 아이들도 있다.

그런데 이들의 마음을 너무도 가슴 깊이 잘 이해할 수 있다. 사실 필자도 고등학교 시절 운동이 너무 좋아서 운동선수가 되겠다고 몇 달간 공부를 포기하고 운동만 하다가 체육 선생님께 혼쭐이 난 경험이 있다. 그때 선생님은 '운동이 우습게 보이느냐. 좋다고 다 운동선수 하면 수많은 프로선수들은 소질도 노력도 없이 지금 그 자리에 있는 줄 아느냐. 너는 지금 그들을 욕보이는 것이다'라고 말씀하셨다.

프로게이머가 되고 싶다는 청소년과 그 부모들에게 한 가지 조언을 하자면, 이렇듯 무엇이든 소질은 물론이고 체계적이고 규칙적으로 노력할 수 있는가 하는 것이, 그 분야의 전문가가 되기 위한 첫 번째 조건이다. 두 번째로 그저 지금의 현실을 피해서 편하고 좋은 곳으로 숨는 것은 아닌지, 또 현실적인 생활을 할 수 있는데도 어려움을 견디며 꾸준히 할 수 있는지 꼼꼼히 따져보아야 한다. 게임도 마찬가지다.

아이들에겐
현실보다 중요한
사이버 공간

부모들이 자녀의 인터넷 게임 문제를 발견하게 되는 공통된 시점 중 하나는, 부모 명의로 되어 있는 핸드폰의 요금 고지서가 몇십 만 원, 혹은 몇백 만 원이 되어 날아오는 순간이다. 자녀가 이른바 '사이버머니를 지른' 것인데, 부모는 이렇게 자녀의 게임 중독을 알아차리고 게임 회사에 전화하여 본인 명의의 회원 가입을 모두 탈퇴시킨다.

아이가 방 안에서 하루에도 몇십 만 원씩 돈을 허공에 날린다는 생각에 부모들은 속이 끓어오르지만, 정작 게임을 하는 아이들은 아이템 보유와 레벨업을 위해 정당하고 합리적으로 소비하는 것이라고 생각한다. 어른들은 이해 못 하지만 아이들에게는 가상공간이 현실보다 중요한 세계일 수도 있다.

과거 정신 치료 초기에는 최면을 통해서만 무의식에 접근할 수 있다고 생각했다. 그런데 프로이트가 '자유연상'이라는 방법을 제시하면서 상황이 달라졌다. 최면 상태가 아니더라도 무의식에 접근할 수 있는 방법이 생긴 것이다. 이후 정신과 의사들은 환자들을 마주보고서도 큰 저항 없이 면담을 통해서 환자들의 어려운 점을 듣고 그것을 해석할 수 있게 되었다.

면담을 하다 보면 현실과 동떨어진 내담자의 '판타지'도 나오고, 가상과 공간도 표현이 된다. 그리고 거기에는 현실에서의 갈등, 다른 사람과의 관계, 미래 예측 등 다양한 상황들이 담겨 있다. 이 상황들은 사람들의 마음속, 생각 속에서 자기 나름대로의 이야기와 그림, 자기만의 시공간 속에서 발생한다.

그런데 이런 자기만의 생각과 갈등, 미래 예측 등의 요소들이 이제 눈앞에 직접 보여지고, 나아가 조작되고, 연습해볼 수 있는 공간이 생겼다. 바로 사이버공간이다. 그리고 이제는 직접 만나서 대화하지 않아도, 그 시간에 그 사람과 같이 있지 않았어도 가상공간 안에서 저장된 형태로 접촉할 수 있기 때문에 시간, 공간에서 자유로운 형태로 만남을 가질 수 있다.

또한 현실의 내 모습이 아닌, 게임 속의 아바타를 통해 실제 내 모습과는 다른 변형된 모습으로 상황에 임할 수 있기에 더 풍부한 판타지를 만끽할 수 있다. 우리가 꿈을 꾸고, 그 의미에 대한 해석을 들을 때 신기해하고 재미있어 하는 이유는, 꿈속에서 자기 자신이 변형시킨 형태의 아바타를 다른 사람이 그럴듯한 논리로 해석해주기 때문이다. 어쩌면 사이버공간은 잠을 자지 않고도, 누구의 해석을 듣지 않고도, 언제 어디서든 능동적인 자기 조절에 의해서 느낄 수 있는 지극히 현실적인 판타지이기에 사람들의 관심을 받고 있는지도 모른다.

사이버공간이 활성화되기 이전, 예컨대 사람들에게 전설 속의 동물인 '용'을 그리라고 하면, 각자의 머릿속에 들어 있는 수천 수만 가지의 각기 다른 용이 그려져 나왔을 것이다. 하지만 이제 사람들에게 용을 그리라고 하면 이미 수많은 책 속의 그림에서 봐왔던 용은 물론 인터넷에서 본 한 마리 용을 그릴 것이다.

이것이 바로 사이버공간이 가지고 있는 단점, 지극히 현실적인 판타지를 만들었지만, 자기만의 상상의 공간을 가지기 힘들다는 것이다. 조용히 자기 자신만의 가상공간을 만들기 위해 명상을 하거나 그냥 눈을 감고 상상하고 고민하기보다는, 웹사이트에서 누군가 고민해놓고 누군가 써놓은 답을 직접 눈으로 보고 그냥 모방하는 형태에 지나지 않는 것이다.

정正-반反-합合을 통해 새로운 것을 만들어내는 청소년 시기에 미리 만들어진 답만이 존재하는 상황이 꼭 좋은 것 같지는 않다. 이런 사이버공간의 단점을 우리가 무의식 중에 느끼고 있는 것인지, 내 아이가 힘들이지 않고 너무도 쉽게 문제의 정답을 찾아내는 순간, 한편으로는 기특하면서도 한편으로는 나도 모르는 은근한 불안감이 느껴지는 것이다.

또 하나 중요한 것은 사이버공간에서는 나이, 신분, 외형이 표시되지 않기 때문에, 선입견 없이 동급으로 참여할 수 있다는 것이다. 하지만 때론 이 동급의 참여에서 경쟁적으로 자신의 가치를 올리기 위해 현실에서 사용되던 비합법적 방법들이 행해져 문제가 발생하기도 한다. 그리고 그 피해는 현실에서보다 더욱 비밀스럽게 무형에서부터 시작되기 때문에 최종 피해는 더욱 막대할 수 있다.

예컨대 한 중학생이 자기 아바타의 힘을 세게 키우기 위해 능력치를 향상시키는 퀘스트를 수행하고 있다고 해보자. 일주일에 4시간 정도를 자신의 아바타에 투자하는 것이 적절하다고 가정할 때, 이 학생이 현실적 경쟁 의식이 발동해 하루에 10시간을 투자하기까지는 단번에 진행되는 것이 아니다. 가상공간 속에서 아바타를 겨루어보고, 이를 현실에서 친구들과 비교해보고, 다시 가상공간에서 겨루어보고, 약함을 인지하고, 다시 키우는 등의 현실과 가상공간을 넘나드는 과정 속에서 발생한 결과인 것이다.

이를 가상공간만의 문제로 본다면 결코 해결할 수 없다. 가상공간에서 약한 자신의 아바타를 위로할 수 있는, 즉 우월감을 느끼는 다른 요소들이 현실 세계에 있다면 위와 같은 악순환이 발생하지 않았을 것이다.

가상공간에서 대화를 즐기는 청소년 중에는 평소 감정 표현을 상당히 어려워하는 아이들이 많다. 감정을 성숙하게 표현한다는 것은 감정 발현의 정도와 표현 시기를 세련되게 조절하는 것이다. 그런데 청소년 시기에는 감정의 양은 폭발적으로 늘어나고, 반응은 신속히 일어나기를 원하지만 그것을 조절하는 컨트롤 타워는 발달하고 있는 시기이기 때문에, 어른처럼 성숙한 감정의 조절이나 표현이 안 되는 것이다. 그런데 그 미숙함을 느낄 수 있는 판단 시스템은 성숙되어 있기 때문에, 자신이 감정을 조절하지 못하고 있음을 느끼고 창피해하는 것이다.

이런 이유로 청소년들은 자신의 감정 발현의 정도와 표현 시기를 그래픽이나 글자로 표현할 수 있는 SNS 공간을 안전하다고 느낄 수 있다. ㅋㅋㅋ, ㅠㅠ, ㅎㅎ 등의 단어는 섬세한 감정 표현은 아니지만 미리 약속되어 있는 정도의 자기 감정을 표현할 수 있기에 편하게 사용하고 있는 것이다. 자신의 세계에서 어른들의 간섭을 받지 않고 편하게 사용할 수 있는 감정 표현법을 더욱 많이 사용하려는 것은 본능적인 측면에서 보면 당연한 일인지도 모르겠다.

이런 가상공간에서 청소년을 밖으로 유도하는 방법은 어찌 보면 간단하다. 현실공간을 가상공간보다 더 안락하고 편하게 만들어주면 된다. 물론 말처럼 그렇게 간단하지는 않다. 어른만큼 커져버린 덩치에 해당하는 역할을 해줄 것이라는 기대는 금물이다. 청소년들이 아직 감정 표현에 미숙하다는 점을 잊지 말아야 한다. 그래서 가상공간에 숨어 있는 청소년에게는 대화와 여유가 필요한 것이다.

2장

인터넷 중독,
인터넷 게임 장애란?

인터넷이
우리의 삶 속에
들어오기까지

우리 부모들이 아이들의 인터넷 문화를 이해하기 위해서 IT의 역사를 이해하는 것은 무엇보다 중요하다. 한 문화에 대한 이해는 그것의 역사를 통해 이해하는 것이 가장 빠르다. 또 내가 이해해야 남을 이해시킨다. 그런 관점에서 다소 주관적일 수 있지만 IT의 역사를 한번 이야기해보려 한다.

전자오락기기의 출현, 아케이드 게임의 시작

우리 부모들이 어렸을 때로 돌아가보자. 집 앞의 구멍가게 아이스크림 통에는 늘 동네 아이들이 모여 있었다. 보통 아이들은 부모님의 심부름을 하고 받은 10원, 20원을 모아서 더운 여름날은 물론이고, 추운 겨울날에도 하드라고 불린 설탕물 색소 얼음 덩어리를 하나씩 사서 입에 물고 있었다. 한 친구가 하드를 사면, 서너 명의 친구들이 한 입 얻어 먹기 위해 그 뒤를 따르곤 했다.

그런데 어느 날 그 인기 많은 아이스크림 통이 아닌, 바로 옆에 새로 생긴 텔레비전 같은 것에 아이들이 모여 있었다. 그 모습은 한마디로 충격이었다. 골목 전파상 앞에서 보던 텔레비전보다도 훨씬 키 큰 텔레비전 같은 것을 바라보며 골목대장 형이 동그란 손잡이를 연신 돌리는 모습을 모두 숨죽여 지켜보고 있었다. 신기하게도 대장 형이 돌리는 대로 화면 안의 막대기가 움직였고 화면 안에 움직이는 하얀 점을 두고 상대편 막대기와 축구를 하고 있었다. 나중에 알고 보니 이것은 '오트론'이라는 전자오락기기였다. 아케이드 게임의 시작인 것이다.

비디오게임의 산업화와 개인용 PC의 발달과 보급, 그리고 부작용

이후 스페이스 인베이더, 갤러그 등이 속속 등장했다. 그때부터 아이들은 학교가 끝나면 전자오락실에 모이게 되었다. 그곳에서 30분, 한 시간씩 뿅뿅 소리를 들으며 각자의 게임 경험담을 나누었다. 그러다 담임선생님이 불심 검문이라도 나오시면, 다음 날 반 아이들이 모두 보는 앞에서 손을 들고 벌을 서기도 했다. 월요일 아침 시간이면 교장선생님은 전자오락을 많이 하면 뇌가 녹아서 나중에 국회의원이나 변호사, 선생님 같은 훌륭한 사람이 될 수 없다고 훈화 말씀을 하셨다.

당시 아이들 사이에서는 미래 인간은 컴퓨터를 사용하기 때문에, 책가방, 노트, 연필을 비롯한 모든 필기구는 없어질 것이라는 말이 오갔다. 계산이나 암기를 하는 인간의 뇌는 이제 필요 없기 때문에 영화에서 보는 것처럼 몸통이나 손가락은 가늘고 길며, 눈은 튀어나오고, 머리는 투명해서 뇌가 훤히 들여다 보이는 인간이 나올 것이라는 얘기도 떠돌았다. 그러는 사이 집집마다 컴퓨터가 하나둘 생겨나고, 컴퓨터로 게임을 하는 데까지 이르렀다. 개인용 PC 시대가 시작된 것이다.

통신도 개인화되어서, 카폰, 무선호출기(삐삐)를 거쳐 휴대전화까지 생겨났다. 그사이 게임 문화와 산업은 급속도로 발전하여, 대학생들을 중심으로 여가문화의 일부를 담당하기에 이른다. 당시 대학생 커플이 새로 생겨난 PC방에서 함께 게임을 하는 것은, 일종의 데이트 코스였다. 젊은이들 사이에서 폭발적인 인기를 얻은 게임은 스타크래프트로, 게임을 직업적으로 하는 이른바 프로게이머들도 등장했다.

컴퓨터와 게임, 인터넷을 포함한 IT 산업은 경제 부흥의 선봉에 서서 새마을운동만큼이나 빠른 속도로 한국 경제를 이끌었다. 이끈 정도가 아니라 그리 넘기 어렵다던 가깝고도 먼 일본을 넘어서기까지 했다. 그리고 아시아를 넘어 세계적인 위상을 차지하게 되었다. 문제는 새마을운동에서도 한 번 경험했지만, 발전에 따른 효과와 이에 동반되는 부작용에 대한 대책이 미흡했다는 것이다.

얼마 지나지 않아 늘어나는 컴퓨터 사용 때문에 문제가 되는 청소년, 어른들이 나타났다. 그리고 그것이 전체 인구의 30퍼센트에 해당한다는 연구 결과, 청소년들의 대부분이 중독되어서 곧 큰 일이 일어날 것이라는 연구 결과 등이 쏟아지기 시작했다. 게임을 하는 아이들은 성적이 떨어지고, 부모와 사이가 안 좋으며, 가출을 하게 된다는 말도 심심치 않게 들려왔다. 하루 4,000원만 있으면 따뜻한 곳을 제공하는 PC방에서 사는 가출 청소년과, PC방에서 살며 아이를 굶긴 채로 방치하는 부모들도 신문지상에 등장했다. 심지어는 3일 동안 아무것도 안 하고 게임만 하던 젊은 청년이 사망하는 일까지 발생했다. PC방은 악의 소굴이었고, PC방에서 주로 행해지는 게임은 악마의 유혹이었다.

하지만 이런 부작용에 대해 '왜?' '얼마나?' '정말?'이라는 질문에는 누구 하나 선뜻 대답하지 못했다. 그 옛날 초등학교 교장 선생님의 훈화 같은 말만 되풀이될 뿐이다. '바보가 돼요. 머리가 나빠져요.' 조금 과학적인 말이 덧붙여지면 '뇌가 녹아요.' 이쯤에서 그 옛날 가졌던 의문을 다시 던져보자. 커피를 마시면, 오락실에 다니면, 아니 컴퓨터 게임을 계속 많이 하면 뇌가 녹을까?

　IT 관련 부작용은 현재 의료계의 큰 관심사다. 다만 이에 대해서는 겁주기식 교육보다 과학적이고 객관적인 증거가 필요할 것이다. 이를 위해서는 중립적 시각이 필수적이다. 우리 치료자들은 진료실에서 부작용을 많이 접하는데, 이와 관련하여 최대한 중립적이고 사실적으로 이야기를 풀어나가려 한다.

인터넷 중독 중 하나인 게임 중독

1996년 피츠버그대학교의 킴벌리 영**Kimberly Young**은 한 부부 모임에서 잘 다니던 직장을 그만둘 정도로 인터넷에 빠진 지인을 목격한다. 그리고 그 증상과 피해를 같은 해 미국 정신의학회 회의에서 발표하고 이를 'internet addiction'(인터넷 중독)이라고 명명했다. 그는 컴퓨터를 주로 어떤 용도로 사용하는지에 따라 인터넷 중독을 다음과 같이 분류했다.

첫째 정보 과다형**Information Overload**이다. 정보를 수집하고 파일을 다운로드 받을 때, 지나치게 많은 양의 정보를 취합하고 정보를 얻는 행위 자체에 몰두한 나머지 실제 일에는 반영하지 못하는 경우다. 정보 수집에 많은 시간을 빼앗겨 실제 업무의 효율은 떨어지고 이로 인해 고통을 받고 조절하려 하지만 매번 실패한다.

둘째 관계 집착형Cyber relationship addiction이다. 사이버상의 대인관계를 지나치게 추구하며 집착하는 경우다. 자신의 현실 상황과는 상관없이 온라인상의 동호회를 만들고, 다른 사람들의 개인 홈페이지, 블로그 등을 방문하여 댓글을 달면서 참견한다. 막상 현실 세계에서는 대인관계에 두려움이 많고 서툴기 때문에 이런 가상현실 세계에 대한 의존도가 높다.

셋째 게임 중독형Computer game addiction이다. 다양한 종류의 게임을 즐기며 이로 인해 문제행동이 생기는 경우다. 특히 아이템 거래 등을 통해 현금을 획득할 수 있는 어둠의 경로가 생기면서 사회적 문제가 되고 있다. 현재 게임 중독형은 우리나라 인터넷 중독 청소년들이 가장 많이 보이는 문제행동으로, 다시 몇 가지 타입으로 나눌 수 있다. 첫 번째는 아이템을 모으거나 게임 기술을 향상시키는 등 게임 관련 목표 달성에 관심을 기울이는 '성취형'이다. 두 번째는 게임의 형태를 파악하고 어떻게 작동시키는지에 관심이 높은 '탐색형'이다. 세 번째는 다른 사람들과 놀기 위해 게임에 접속하는 '사교형'이다. 네 번째는 다른 사람들을 괴롭힘으로써 타인의 관심을 끄는 '공격형'이다.

넷째 웹서핑형Web Compusion이다. 의미 없는 웹서핑을 강박적으로 오래 진행하며, 필요 없는 정보까지 검색하는 데 많은 시간을 허비하는 경우다. 강박적인 온라인 도박, 물건 교환, 과도한 쇼핑이 문제가 된다.

다섯째 사이버 섹스 중독형Cybersexual Addiction이다. 성적인 만족
을 위해 가상공간에서 성적인 대화를 하거나 포르노 동영상을
감상하는 데 지나친 집착과 탐닉을 하는 경우다.

이 책에서는 위의 다섯 가지 유형 중에서, 최근 가장 사회적
이슈로 떠오른 '게임 중독형'에 초점을 맞추어 이야기해보겠다.

게임
중독의 등장

2000년 이전에는 청소년 중독 문제의 큰 사회적인 이슈가 본드, 부탄가스 등의 흡입제의 사용으로 인한 사고(화상, 추락사), 폭행 사건 등이었다. 하지만 최근의 사회면을 채우는 청소년 중독 문제의 사건 사고는 단연 게임과 관련이 있다. 특히 지나친 게임 몰입으로 통제력을 잃은 자녀들이 이를 말리는 가족들을 살해하거나, 반대로 게임에 빠진 젊은 부부들이 아이 양육을 방치하면서 벌어지는 사고들이 기사로 나오면서, 게임에 대한 경각심이 일기 시작했고, 일부에서는 게임에 대한 혐오감이 조성되기도 했다. 몇 가지 기사를 살펴보자.

2013년 미국 루이지애나 주의 여덟 살짜리 소년이 폭력적인 비디오게임을 한 뒤 자신을 돌봐온 할머니를 총으로 쏴 살해하는 충격적인 사건이 일어났다(동아일보 2013년 8월 27일 자). 소년은 경찰에서 할머니의 총을 가지고 놀다가 실수로 총알이 발사됐다고 주장했지만, 조사 결과 소년은 할머니에게 의도적으로 총격을 가한 것으로 드러났다. 경찰은 "아직 정확한 범행 동기는 알려지지 않았다"면서도 소년이 FPS 방식으로 진행되는 플레이스테이션3 비디오게임을 해왔다고 밝혔다.

또 10대 소녀 두 명이 밤늦게까지 인터넷을 하기 위해 부모에게 수면제를 먹인 일도 있었다(동아일보 2013년 1월 4일 자). 미국 캘리포니아 주 플레이서 카운티에 거주하는 열다섯 살의 한 소녀는 친구와 함께 집 주변 패스트푸드점에서 밀크셰이크를 산 뒤 수면제를 섞어 부모에게 주었다. 평소 부모는 오후 10시부터 인터넷을 사용하지 못하도록 했는데, 딸은 이 같은 부모의 통제에 불만을 가지고 있었다고 한다.

그런가 하면 우리나라에서는 평소 폭력 성향이 짙은 인터넷 게임에 심취한 10대 남성이 할아버지 생일 모임에 참석한 친척들에게 흉기를 무차별 휘두른 일이 있었다(동아일보 2013년 3월 4일 자). 평소 자신의 어머니를 무시하는 듯한 친척들의 태도에 불만을 품다가 모임에 참석하지 못한 어머니의 하소연을 듣고 범행을 저지른 것으로 알려졌다.

20대 미혼 여성이 PC방에서 게임을 하다가 아기를 낳고 살해한 뒤 도망갔다가 경찰에 붙잡힌 일도 있었다(동아일보 2012

년 4월 6일 자). 게임 중독 증세가 있던 그는 출산일도 모른 채 게임을 하던 중 갑자기 양수가 터지자 PC방 화장실로 이동해 혼자 아이를 낳았고, 양육할 자신이 없어 살해하게 되었다고 한다.

또 컴퓨터 게임에 심하게 빠진 중학생이 게임을 하지 말라고 나무라는 어머니를 숨지게 하고 자신도 스스로 목숨을 끊은 것으로 추정되는 사건도 있었다(한겨레 2010년 11월 17일 자). 이 학생의 유서에는 '게임을 한다고 어머니로부터 야단을 맞았고, 어머니에게 해서는 안 되는 짓을 했습니다. 죄송합니다'라고 적혀 있었다.

기사에 따르면 그는 초등학생 때부터 컴퓨터 게임을 즐겼는데 평소에도 공부는 소홀히 한 채 게임에만 열중한다며 어머니가 꾸중하면 심하게 대들었다. 중학교에 들어가면서는 어머니에게 폭력을 휘두르기도 했다. 사건이 벌어지기 얼마 전에는 게임 중독 치료를 위한 상담을 받은 적도 있었다. 숨진 어머니는 몇 년 전부터 중국에서 사업을 하는 남편과 사실상 별거 중이었으며, 사진관에서 일하면서 생계를 이어온 것으로 알려졌다.

인터넷 게임에 빠져 수개월 동안 젖먹이 3형제를 제대로 돌보지 않아 영양실조로 몰고 간 20대 부부가 경찰에 붙잡힌 일도 있었다(조선일보 2014년 4월 25일 자). 이들 부부는 아르바이트 등을 하며 월 100여 만 원의 수입으로 생활했으며 매일 PC방에서 3~4시간씩 인터넷 게임에 빠져 2세 아들과 생후 15개월 된 쌍둥이 형제를 제대로 돌보지 않은 것으로 드러났다.

위 사건들을 보면 정말 게임에 빠져서 심각한 짓을 저지른 경우도 있지만, 자세히 살펴보면 개인의 충동성이나 가정 환경의 문제가 지나친 게임 혐오로 부풀려진 경우도 있었다. 어쨌든 이런 사건들은 신문지상에서 심심치 않게 볼 수 있다.

다음의 그래프는 1990년부터 2013년까지 국내 4대 신문(동아일보, 조선일보, 중앙일보, 한겨레신문)에 실린, 흡입제와 인터넷 중독으로 인한 사건 기사의 빈도 변화를 보여주고 있다. 1990년대 초반에는 청소년들의 '흡입제'와 관련된 각종 범죄가 횡행했고 특히 1996년도에는 그 수가 절정에 이르렀다고 볼 수 있다. 하지만 2000년대 이후에는 '인터넷 중독'과 관련된 문제가 대두된 이후 상승세를 보이더니, 2009년 이후에는 매년 '흡입제' 관련 기사를 웃도는 심각한 문제로 자리매김했다는 것을 알 수 있다.

청소년기는 생에 있어서 변화와 도전의 시기이고, 감정기복이 심한 질풍노도의 시기이며, 공상과 현실이 공존하는 시기로 약물에 빠져들 위험이 가장 높다. 부모로부터의 분리 독립, 성 정체감을 비롯한 자아정체성 형성, 학업 및 취업 준비, 이성 및 친구관계에서의 스트레스로 자칫 현실로부터 도피하여 약물에 빠져들게 되는 것이다.

흔히 청소년들은 호기심과 재미 혹은 친구들의 압력에 의해 일시적으로 술을 마시고 약물을 사용하지만 이들 중 일부는 학업을 포함한 일상생활을 수행할 수 없을 정도로 약물에 탐닉하

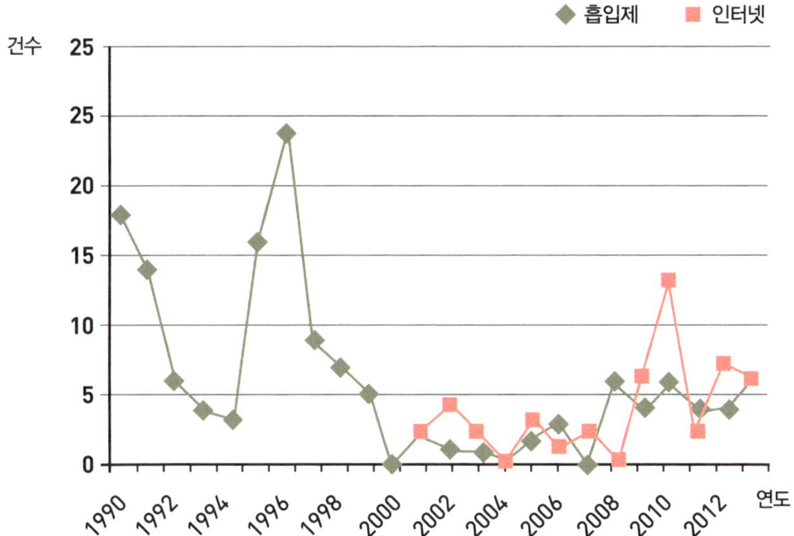

여 문제를 일으킨다.

오늘날 게임 중독은 1990년대 청소년들 사이에서 유행했던 흡입제, 담배, 알코올 남용 같은 약물 중독을 잠재울 만큼 대단한 위세를 떨치고 있다. 이러한 현상에는 입시 위주의 교육, 마땅한 탈출구가 없는 청소년 놀이문화, 빠른 인터넷 보급과 게임 개발 등이 서로 상승작용을 했다고 본다.

A라는 약물에 중독되었던 청소년이 그 시대의 유행 약물인 B라는 약물에 중독되는 교차현상은 자주 있는 것으로 알려져 있

지만, 우리나라 청소년들 사이에서처럼 흡입제 약물 중독이 잠
잠해지고 게임 중독이라는 비약물적 행위 중독으로 바뀌는 현상
은 의학계에서도 관심 사항이다.

인터넷 중독은
정말
'중독'일까?

고등학교 2학년인 A군이 PC방에서 게임하다가 들켜서 어머니와 함께 병원에 왔다. A군은 초등학교 때 온라인게임을 자주 하다가 들켜서 게임 자체를 금지당했다. 부모는 맞벌이로 아침 일찍 나가고 저녁 늦게 들어와서 아이의 PC 사용과 게임 이용에 대한 관리가 힘들어, 아예 게임을 못 하게 하기로 결정했다. 그 결과 아이는 초등학교 6학년 이후로는 PC방 출입은 물론이고 일체 온라인게임을 못 하게 되었다.

중학교 1학년 겨울부터 A군은 부모 몰래 친구들과 가끔씩(일주일에 2~3회) PC방에 가서 한 시간 정도 게임을 즐겼다. 그런데 얼마 전 한 친구의 어머니가 A군 어머니와 전화통화를 하다가 PC방에서 자신의 아들이 A군과 같이 게임을 즐겼다는 이야기를 하는 바람에 들키게 되었다. A군의 어머니는 부모를 속이면서 4년간이나 PC방에 가서 게임을 하는 것은 '게임 중독'이 틀림없다며 병원에서의 확실한 진단을 원했다.

위 사례에서 A군은 PC방 출입에 대해 거짓말을 한 것이지, 게임 중독이나 인터넷 중독은 아니다. A군은 치료자와의 면담에서 부모의 고지식함과 과잉 걱정, 완벽주의적인 성격 문제로 충돌을 피하기 위해 나름대로 게임을 절제했고, 시험이 끝난 뒤 아이들과 어울리기 위해 PC방을 출입했을 뿐이라고 했다.

A군은 학교를 결석하거나 지각하지 않았고 또래관계도 괜찮은 편이었다. 검사 결과 인터넷 중독에 대한 치료를 시행할 만큼의 위험 수준도 아니었다. 하지만 어머니는 자식에 대한 기대가 상당히 높은 편으로 혹시 게임 때문에 아이가 성적이 생각만큼 안 나오는 것이 아닌지, 이러다 게임 중독이 되어 폐인이 되는 것은 아닌지 걱정이 많았다.

3회에 걸친 부모 자식 간 의사소통 증진 면담을 통해 어머니의 과잉 걱정, 자식의 거짓말에 대한 분노와 A군의 거짓말을 할 수밖에 없었던 심정과 억울함은 어느 정도 해소되었다. 쉽지 않은 과정이었지만 인터넷 및 게임에 대한 부모님의 인식을 바꿀 수 있었다. A군에게는 일주일에 두 번 정도 게임이 공개적으로 허락되었다. PC방 한 곳을 정하고, 부모가 게임 이용 시간을 체크해볼 수 있는 게임 이용 회원 카드를 만들었다. A군은 6개월 이상 약속을 성실히 지켰고 인터넷 및 게임 문제로 집안에 불화가 생기지 않았다.

여기서 한 가지 살펴볼 것이 있다. 우리는 위 사례와 같이 '중독'이라는 용어가 일상적으로 사용되는 시대에 살고 있다. 정신질환명에 이미 등재된 알코올 중독, 니코틴 중독, 도박 중독과 같은 심각한 중독부터, 추후 정신질환명으로 등재될 가능성이 있는 인터넷 중독, 쇼핑 중독, 섹스 중독, 심지어 주변에서 흔히 쓰이는 일 중독workholic, 여행 중독, 탄수화물 중독, 운동 중독까지, 중독이라는 말이 붙은 신조어가 급증하고 있다. 그러나 의학적으로 '중독'이란 용어를 붙이는 데에는 신중을 기해야 한다.

1990년대 중반부터 일상생활에 장애를 초래할 만큼 과도하게 인터넷을 사용하는 사람들이 출현하면서, 왜 이런 현상이 벌어지는지가 사회적 관심사로 떠오르기 시작했다. 이 새로운 현상을 밝히고자 정신의학자와 임상 의사를 필두로 다양한 분야의 학자들이 다양한 용어를 사용해, 중국 한국 대만 등 아시아 국가들과 미국 유럽 내 일부 지역에서 지난 20년간 연구를 진행했다.

먼저 인터넷 중독을 하나의 행위 중독으로 인정할 것인지, 아니면 하나의 현상으로만 간주할 것인지에 대한 논의를 살펴보자. 인터넷은 술, 담배, 마약류와 같은 고전적인 물질 중독의 범주와는 다른 인간의 일상 행위와 관련된 범주이기 때문에 아직 학술적으로 중독의 범주에는 포함시키지 않고 있다. 하지만 일부 학자들은 도박을 포함하여 운동, 쇼핑, 섹스 등 행위 중독도 중독의 범주에 포함시켜야 한다고 주장하기도 한다.

일반적으로 인정하는 인터넷 중독이란 '과다한 인터넷 이용으로 금단과 내성이 생겨 이용자의 일상생활에 장애가 발생하는 상태'를 말한다. 인터넷 중독은 게임뿐 아니라 채팅, 음란물, 인터넷 도박, 정보 검색, 인터넷 쇼핑에 대한 중독 등 다양한 형태로 나타나고 있지만, 우리나라의 경우 과도한 게임 이용과 스마트폰 사용이 청소년층에서 심각한 문제로 떠오르고 있다.

이와 관련하여 일상생활에 지장을 초래하는 비정상적 현상임을 표현하기 위해 '과도한/병적인/강박적인/문제가 있는' 등의 수식어가 붙고, 게임 대상을 지칭하는 용어로 '비디오/컴퓨터/인터넷/온라인' 등이 사용되고 있으며, 문제의 심각성을 나타내는 용어로 '장애disorder/중독addiction'이 연구자들의 견해와 입장에 따라 다양하게 사용되고 있다.

이 중 '인터넷 중독'이란 용어는 국내외 연구자들의 약 40퍼센트, 즉 가장 흔하게 사용하는 용어로 볼 수 있다. 일부 게임 중독이란 용어에 저항을 보이는 국내 연구자들은 '게임 과몰입'이라는 용어를 사용하고 있다. 이 책에서는 용어의 혼돈을 피하기 위해 일단 국내에서 가장 많이 사용되는 '인터넷 중독'이라는 용어를 사용했다.

'인터넷 중독'이란 용어는 아직 정식 정신질환명은 아니다. 인터넷 게임 문제로 병원을 찾아온 사람들의 경우, 국제질병분류 ICD-10를 따르면 '기타 습관과 충동 장애Other Habit and Impulse disorder'에 속한다. 그런가 하면 2013년 5월에 출간된 미국 〈정신장애의 진단과 통계를 위한 매뉴얼DSM-5〉에서는 '인터넷 게임 장애Internet Gaming Disorder'라는 용어를 사용하고 있으며, 정식 정신과 진단명으로 사용할지 앞으로 지켜보자는 입장이다.

〈DSM-5〉에서 이러한 결정을 하게 된 이유는 다음과 같다. 인터넷 게임 문제에 대한 여러 나라 240개 이상의 논문들을 살펴본 결과, 인터넷 게임 장애는 물질 사용 장애, 도박 중독과 유사하게 게임에 대한 점진적인 통제력 상실, 내성 및 금단 증상, 일상 기능의 상실이 인정되지만, 명확한 진단 기준이 없기 때문에 진단명으로는 책정할 수 없다는 것이다.

먼저 장애의 기준이 연구자마다 다르다. 이로 인해 병의 빈도 역시 중국을 비롯한 아시아 국가들과 미국 및 유럽 국가 간에 큰 차이를 보인다. 또한 10대에 가장 흔히 발병하지만 그 후 병의 진행 과정에 대한 장기 추적 연구가 미흡하다는 것도 정식 정신질환명에서 제외된 이유다. 다만 '인터넷 게임 장애'라는 용어를 사용하여 임상적 관심을 가지고 정식 질환명으로 채택할지를 향후 지켜보자는 신중한 입장으로 결론이 났다. 이는 2013년 〈DSM-5〉에 새로이 정신질환명으로 등재된 도박 중독과는 차이를 보이는 것이다.

우선 성장기 소아청소년에 집중된 인터넷과 게임 문제에 대해

'중독'이라는 용어를 사용하는 데에는 좀 더 신중할 필요가 있다는 것이다. 인터넷과 게임 문제가 소아청소년기 심리 발달 과정 중 특정 시기에 표출되는 이행기적 발달 현상transitional developmental phenomenon일 수도 있음을 간과해서는 안 된다. 또한 인터넷과 게임 문제를 보이는 소아청소년들을 살펴보면 순수하게 인터넷과 게임 문제만을 보이는 경우보다는 대부분 ADHD, 우울 장애, 불안 장애, 강박 장애, 학교 부적응, 부모와의 애착 장애 문제를 보이고 있다. 따라서 인터넷과 게임 문제가 일차적 문제라기보다는 청소년들이 겪는 갈등을 해소하기 위한 출구 혹은 결과물적인 현상이라는 점을 잊지 말아야 한다.

소아청소년들의 인터넷과 게임 문제는 좀 더 충분한 표준화된 진단 도구에 의한 빈도 조사, 문제 소아청소년들에 대한 성인기로의 장기 추적 조사, 장기간의 뇌발달 변화에 대한 추적 연구를 통해 보다 명확한 실체가 밝혀져야 한다. 〈DSM-5〉에서 도박 중독이 약물 중독과 어깨를 나란히 하며 행위 중독으로서 중독 범주에 이름을 올린 것처럼, 인터넷 중독도 향후 진단명으로 이름을 올릴지 주목해볼 만하다. 참고로 2013년 〈DSM-5〉에서 제안한 인터넷 게임 장애의 진단 기준은 다음과 같다.

〈DSM-5〉 인터넷 게임 장애 진단 기준

게임을 하기 위해 그리고 흔히 다른 사용자들과 함께 게임을 하기 위해 지속적이고 반복적으로 인터넷을 사용하는 행동이, 임상적으로 심각한 손상 또는 고통을 초래하며, 다음 중 다섯 가지 이상의 증상이 12개월 동안 나타난다.

1. 인터넷 게임에 대한 몰두(개인은 이전 게임 내용을 생각하거나 다음 게임 실행에 대해 미리 예상한다. 인터넷 게임이 하루 일과 중 가장 지배적인 활동이 된다.)

2. 인터넷 게임이 제지될 경우에 나타나는 금단 증상(이러한 증상은 전형적으로 과민성, 불안 또는 슬픔으로 나타나지만, 약리학적 금단 증상의 신체적 징후는 없다.)

3. 내성(더 오랜 시간 동안 인터넷 게임을 하려는 욕구)

4. 인터넷 게임 참여를 통제하려는 시도에서 실패함

5. 인터넷 게임을 제외하고 이전의 취미와 오락 활동에 대한 흥미가 감소함

6. 심리사회적 문제에 대해 알고 있음에도 불구하고 과도하게 인터넷 게임을 지속함

7. 가족, 치료자 또는 타인에게 인터넷 게임을 한 시간을 속임

8. 부정적인 기분(무력감, 죄책감, 불안)에서 벗어나거나 이를 완화시키기 위해 인터넷 게임을 함

9. 인터넷 게임 참여로 인해 중요한 대인관계, 직업, 학업 또는 진로 기회를 위태롭게 하거나 손실함

주목할 점: 이 장애의 진단에는 도박이 아닌 인터넷 게임만 포함된다. 업무 및 직업 상 요구되는 활동으로서의 인터넷 사용은 포함하지 않으며, 그 외의 기분 전환이나 사회적 목적의 인터넷 사용 또한 포함하지 않는다. 마찬가지로 성적인 인터넷 사이트도 제외된다.

현재 심각도: 인터넷 게임 장애는 일상적 활동의 손상 정도에 따라 경도, 중등도^{中等度}, 중도로 나뉜다.

인터넷 중독에
특히 잘 빠지는
아이들의 특징

인터넷 중독의 원인은 크게 네 가지로 알려져 있다. 첫째로 사회적 환경적 요인으로서 급속히 증가하고 있는 부모의 이혼과 맞벌이, 다문화 등 가족 내 불안정성의 증가, 학업 위주의 교육 환경, 대입과 취업 스트레스, 대안적 놀이 문화의 부재를 꼽을 수 있다. 둘째로 개인의 속성에 관한 요인으로 충동적 성향, 우울 및 불안감, 대인관계의 차단 등이다.

셋째로 인터넷 게임 자체의 속성에서 기인한 것으로 기술적 접근의 용이성, 흥미와 호기심을 유발하는 다양한 콘텐츠를 그 원인으로 꼽을 수 있다. 넷째로 한국의 산업 정책적 특성이다. 1997년 IMF 경제위기 이후 급속도를 증가하기 시작한 PC방, 국가 동력 산업으로서의 IT 및 게임 산업 진흥, 전 세계적으로 유래를 찾기 어려울 정도로 높은 초고속 인터넷망 및 컴퓨터와 스마트폰의 보급률 등이 그것이다. 이러한 내적 외적 요소들이 아동청소년기의 발달심리와 맞아 떨어져 인터넷 중독 현상이 발생한 것으로 볼 수 있다.

청소년들이 인터넷 게임에 빠져드는 이유를 알아보려면, 우선 청소년들의 정상 발달심리를 이해하는 것이 필요하다. 앞서 잠깐 이야기했듯이 청소년기에는 성장호르몬, 성 호르몬의 급증으로 성충동, 공격성, 격한 감정이 외부로 분출되는 시기다. 또한 기성세대 가치관에 맞서 그들만의 또래문화를 형성하며 소속감을 느끼고, 현실과 가상의 세계를 넘나들며 다양한 역할을 시도하면서 자기의 정체성을 찾아가는 시기다.

이러한 점에서 인터넷 게임은 청소년들의 특성에 딱 맞는 놀이문화라고 할 수 있다. 인터넷 게임은 현실의 통제나 한계를 벗어나 원하는 상상의 캐릭터를 설정해 다양한 역할을 실험할 수 있으며, 단지 '게임일 뿐'이라는 비교적 안정된 상태에서 공격성을 마음껏 분출할 수 있다. 또 길드에 가입하여 게임자 간에 우호적인 관계를 형성하여 소속감을 느낀다.

인터넷 게임의 중요한 특징은 그룹으로 게임을 하는 것이다. 그룹 게임은 게임 이용자로 하여금 사회적 상호작용의 특성을 지니는 복잡하게 구조화된 활동에 참여하게 함으로써 사용자 집단 간에 경쟁을 유발한다. 사용자는 전 세계 지역에 퍼져 있으므로, 특정 시간대와 상관없이 게임은 계속될 수 있다.

이러한 인터넷 게임의 특성을 잘 활용한다면 청소년들의 갈등을 해소하고 심리발달 측면에서 긍정적 효과를 얻을 수 있지만, 반대로 게임이 청소년들을 지배하게 될 경우에는 부정적 결과를 초래하게 된다.

그렇다고 인터넷 게임을 이용하는 모든 청소년이 중독 상태에 빠지는 것은 아니다. 인터넷 중독에 빠질 위험이 높은 청소년들의 특징을 살펴보면 다음과 같다.

첫째 선천적으로 중독 기질을 타고났다. 로버트 클로닝거Robert Cloninger는 중독 연구를 진행하면서 인간의 행동양식을 타고난 기질temperament로 설명하려 했다. 그는 생의 초기부터 나타나 일생 동안 지속되며 특정 신경전달물질에 의해 나타나는 결과를 타고난 기질이라 가정하고, 기질을 자극 추구형novelity seeking은 도파민, 위험 회피형harm avoidence은 세로토닌, 보상 의존형reward dependency은 노에프네프린과 관련이 깊다고 했으며, 여기에 인내력형persistence을 추가하여 총 네 가지 형태로 나누었다.

국내외 인터넷 중독 고위험군을 대상으로 한 연구 결과를 살펴보면, 대부분 타고난 기질이 자극 추구형과 위험 회피형인 것으로 나타났다. 이는 인터넷 중독자들이 새로운 것을 추구하는 한편으로 불안 우울 수준이 높아 게임으로 현실 도피하려는 측면이 있음을 보여준다고 할 수 있다.

또 선천적으로 충동성이 높고 자제력이 없는 사람들은 인터넷 중독, 도박 중독과 같은 행위 중독에서 물질 중독으로 넘나들 가능성이 높다. 다시 말하면 흡연, 알코올 중독 등의 다른 중독 장애도 인터넷 중독과 밀접한 연관이 있다는 것이다.

중·고등학생을 대상으로 실시한 한 연구 조사에 따르면 인터넷 중독 청소년이 그렇지 않은 청소년보다 흡연과 음주를 더 많이 경험한 것으로 밝혀졌다. 이처럼 다른 중독 장애를 가진 경우 게임 중독의 위험성이 높아질 수 있으며, 청소년기의 게임 중독 치료가 성인기의 다른 중독 장애를 예방하는 데 있어서도 필요할 것으로 보인다. 2011년 필자들이 우리나라 청소년(13세~18세) 7만 3,000여 명 이상을 대상으로 한 온라인 건강 행태 조사 자료를 분석해본 결과, 인터넷 중독을 예측할 수 있는 가장 강력한 위험요인은 흡연 등의 약물 남용이었다.

둘째 성장기 애착 형성이 불안정하다. 애착이란 특정인과 밀착된 정서적 결합^{bonding}을 뜻하는 말로, 유년기에 형성된 부모와의 애착관계는 청소년기와 성인기로 접어들어 다른 사람과의 관계에서도 똑같이 작동한다. 안정된 애착이 형성된 사람들은 타인을 신뢰하고 타인에게 의지할 때 편안함을 느끼는 의존도^{dependence}와 타인에게 친밀하게 접근하는 친밀도^{closeness}가 높고, 타인들로부터 버림받거나 사랑받지 못할 것 같은 불안도가 낮다.

반면에 불안정한 애착이 형성된 사람들은 반대 현상을 보인다. 2010년 필자들이 조성일 교수 등과 인터넷 중독, 음주, 흡연 청소년들을 연구해본 결과, 의존도와 친밀도가 낮고 불안도가 높은 불안정한 애착 형성을 보이는 빈도가 높은 것으로 나타났다.

불안정한 애착이란 어린 시절 양육자가 자신의 기분이 나쁠 때 사소한 일로 아이를 야단치거나 반대로 기분이 좋을 때 아이에게 지나친 애정표현을 함으로써, 아이가 양육자를 일관성 없고 종잡을 수 없는, 신뢰할 수 없는 대상으로 인식하게 됨으로써 형성된다. 특히 아이가 안정된 애착 형성 경험이 없을 경우, 이것이 청소년 초기 성인기까지 이어져 현실의 대인관계에서 사소한 일로 상처를 받고 인터넷 게임, 음주, 흡연으로 탈출구를 찾을 가능성이 높다.

셋째 심리적 정신적으로 문제가 있다. 인터넷 게임에 빠지기 쉬운 사람들은 이미 산만함, 집중력 저하, 충동성, 우울, 불안, 낮은 자존감, 강박 성향 등 다양한 종류의 정신 병리를 가지고 있다. 이 중 ADHD, 우울 장애, 불안 장애, 충동 조절 장애, 강박 장애가 인터넷 중독에 빠져들 수 있는 대표적인 소아청소년기 정신 장애라 할 수 있다.

이 중 인터넷 중독과 관련된 3대 핵심 장애를 좀 더 설명하자면 다음과 같다. 첫 번째 ADHD다. 최근 뇌영상 연구에 따르면 전두엽의 기능이 저하되는 즉, 자기조절 능력이 떨어지는 ADHD 아동들은 더 쉽게 게임 중독에 빠지게 된다고 한다. 이렇듯 ADHD는 게임 중독의 중요한 위험 요소 중 하나이며, ADHD의 조기 진단 및 치료가 게임 중독을 예방하는 데 매우 중요하다.

실제로 게임 중독 문제로 치료기관을 찾아오는 아이들 중 상당수는 ADHD 증상을 함께 가지고 있으며, ADHD에 대한 적절한 치료를 통해서 게임 중독 문제도 같이 호전되는 경우가 많다.

두 번째 우울-불안 장애다. 현실 세계에서 대인관계의 불안감이 높고, 친밀함에 대한 두려움이 크고, 자존감이 낮으며, 신체적 열등감이나 우울증이 있는 사람들의 경우, 현실에서 도피하여 가상세계에서 대리 만족과 안정감, 위안을 얻으려 하기 때문에 게임에 쉽게 빠져든다.

문제는 앞에서도 잠깐 언급했듯이 아이들은 어른들과 달리 인지, 사고, 감정 발달이 아직 미숙한 상태이기 때문에 겉으로는 우울한 감정이나 의욕저하 등의 전형적인 우울 증상을 보이지 않는 경우가 많다는 것이다. 따라서 아이가 짜증이 많아지고, 평소와 다른 행동을 하는지, 반항적이고 공격적인 행동을 하거나, 성적이 급격히 떨어지거나, 학교생활에서 문제행동을 일으키는지 주의를 기울여야 한다. 자녀가 게임 중독에 빠지는 것도 우울증의 한 증상일 수 있으므로, 소아청소년기에 게임 중독이 의심될 때는 우울증에 대한 평가가 반드시 필요하다.

정리해보면 게임 중독에 가장 취약한 정신과적 진단은 남자의 경우 ADHD, 여자의 경우 우울-불안 장애라 할 수 있다. 또 무언가를 100퍼센트 이루어 끝을 보아야 직성이 풀리는 강박 성향의 사람들은 게임이라는 가상세계에서 자신의 목표가 달성될 때까지 모든 것을 버리고 오로지 게임에 빠져들 위험성 높다.

세 번째 발달 장애다. 발달 장애란 정상보다 발달이 뒤처지는 것으로 흔히 정신지체, 자폐스펙트럼 장애(아스퍼거증후군 포함), 학습 장애, 사회성이 떨어지는 비언어성 학습 장애를 일컫는다. 소아청소년기의 발달 장애 아동은 흔히 사회적 위축, 또래관계의 어려움 등의 문제를 보인다. 발달 장애 아이들은 눈치가 없고, 대처능력이 부족하여 따돌림을 당하고, 학교 수업에 적응하지 못하며, 또래들과 적절한 관계를 유지하지 못해 소외되는 것이다.

그렇기 때문에 이 아이들은 게임이라는 가상세계에서 인간관계를 형성하려고 한다. 학업에 자신감을 잃고 기피하며 대신 게임에서 즐거움을 찾고 대리만족을 얻으려다 보니 게임에 더 쉽게 빠지게 되는 경우가 많다. 이들은 자신의 연령보다 어린아이들이 즐기는 게임을 시간 죽이기 하듯^{killing time} 반복적으로 한다는 특징도 있다.

ADHD, 우울-불안 장애, 발달 장애 등은 인터넷 중독의 원인 질환이므로 인터넷 중독이 의심되는 청소년인 경우 정신과적 질환이 공존하는지를 반드시 파악해야 한다. 물론 인터넷 중독을 치료할 때도 이들 공존 질환을 같이 다루어주어야 한다. 인터넷 중독이라는 현상을 빙산에 비유하면 수면 위에 보이는 것은 10분의 1일 뿐이다. 수면 밑 10분의 9에는 거대한 인터넷 중독 원인이 숨겨져 있다. 인터넷 중독 현상은 말 그대로 수면 위 보이는 빙산의 일각일 뿐이다. 수면 밑의 거대한 빙산을 보아야 한다.

인터넷 중독에 빠질 위험이 높은 청소년들의 네 번째 특징은 가정, 양육방식에 문제가 있다는 것이다. 먼저 게임 문제로 병원에 온 아이들의 말을 그대로 옮겨보자. "학교에 안 가고 게임만 하면 정말 행복해요. 게임에서 만난 사람들은 내 실력을 알아보고 칭찬해주거든요. 아빠는 하루 종일 술만 마시고 이유 없이 나를 욕하고 때리고, 엄마는 밤늦게까지 식당에서 일하는데 내 말에 조금도 귀 기울이지 않아요." "게임에서 만난 사람들은 내가 혼혈인 것도, 말투가 이상한 것도 전혀 몰라요. 나를 차별하지 않고 보통 사람들처럼 따듯하게 대해줘요."

아이들이 왜 게임에 빠져들게 되었는지 자신들의 현실을 적나라하게 표현한 것이다. 먼저 가정 내 홀로 방치되고 부모와의 의사소통 부재로 외로움을 느끼고, 부모의 폭력으로 두려움에 질린 아이들은 힘든 현실에서 도피하기 위해 게임에 열중하게 되는 것이다.

또 다문화 가정 등도 주목할 필요가 있다. 다문화 가정 아이들의 게임 중독률은 일반 가정의 3배 이상이다. 차별과 따돌림에 질린 다문화 가정 아이들은 남들과 다른 얼굴색과 어색한 말투가 드러나지 않는 온라인게임 세계에 점점 더 빠져들고 있다. 일반적으로 다문화 가정은 맞벌이가 많고, 경제적으로도 어려운 저소득층이 대다수라 관리감독 없이 방치된 아이들은 게임 중

우정
기질
가정
사회
문화
학교
ADHD 등의
공존질환

독에 빠지기 쉽다.

탈북 청소년의 경우도 마찬가지다. 한 기사에 따르면 2010년 교육부와 통일부 조사 결과 국내 초·중·고교에 다니는 탈북자 학생 1,500여 명 중 256명이 지난 4년 사이 학업을 중단한 것으로 나타났다. 학교생활에 적응하지 못한 것이 그 이유였다. 전문가들은 이들 대부분이 게임 중독일 가능성이 크다고 말한다.

그런가 하면 부모가 열심히 양육하는 평범한 일반 가정의 아이들이라도, 어린 시절 적절한 통제 없이 과잉 보호형 부모 밑에서 자란 아이의 경우 게임에 과도하게 빠져들 위험이 높다. 이런 경우, 자녀가 사춘기에 접어들어 자기 맘대로 게임을 하려 할 때 부모가 이를 제지하면 대들고 공격적인 행동이나 욕설을 하는 경우가 있다. 이때 부모는 더 큰 일이 벌어질까 두려워 게임을 통제하지 못하고 벙어리 냉가슴 앓듯 방치하게 되는 것이다.

반대로 아이의 행동에 대해 일일이 간섭하고 조정하는 과잉 통제형 부모도 있다. 이 경우 자녀가 사춘기에 이르러 자기주장을 내세우기 시작하면 사소한 일로도 부모와 충돌이 일어나며 대화는 단절되고, 아이는 게임이라는 자기만의 세계에 점점 더 깊숙이 빠져들게 된다.

과잉 보호형 부모, 과잉 통제형 부모 모두 자녀의 게임 문제에 대해 아이와 더불어 치료가 필요하다. 부모가 게임에 대해 잘 알고 자녀의 게임 접근에 대해 적절히 통제할 수 있는 경우에 자녀가 게임 중독에 걸릴 확률은 매우 줄어든다.

다섯째 학업, 학교 적응에 문제가 있는 경우에도 인터넷 중독에 빠질 위험이 높다. 청소년들의 가장 큰 걱정거리는 학업 성적과 또래관계, 이 두 가지다. 특히 성적 부진은 게임 중독과 밀접한 연관이 있다. 기대에 못 미치는 성적으로 자신감을 잃은 경우 자포자기 상태에서 게임에 과도하게 빠질 위험성이 높다.

또 사회성이 떨어져 또래관계에 적응하지 못하는 경우에도 게임 중독 문제가 흔히 발생할 수 있다. 꼭 발달 장애가 아니라 하더라도 눈치가 없고, 대처능력이 부족해 집단 따돌림을 당하거나 학교폭력의 희생양이 되는 경우, 가상세계에서 인간관계를 형성하려고 하고, 게임을 통해 억눌린 분노나 공격성을 해소하려 하기 때문이다.

학업을 포기했거나 왕따나 집단폭력에 희생된 아이들은 결국 등교를 거부하고 외부와 벽을 쌓은 채 은둔형 외톨이(히키코모리)로 집에만 틀어박혀 지내려 한다. 이들이 집에서 할 수 있는 것은 단지 게임 세계에 빠져드는 일밖에 없는 것이다. 필자들이 2013년 킴벌리 영의 인터넷 중독 척도(186쪽 참조)를 사용해 70점 이상의 인터넷 중독 고위험군을 비교한 결과 은둔형 외톨이의 경우 조사 대상의 9.4퍼센트, 정상비교군의 경우 2.8퍼센트라는 차이를 보였다. 이들에 대한 관심이 꼭 필요하다.

우리 아이가
인터넷 중독 같아요

먼저 사례를 살펴보자.

한 열네 살 남자아이가 최근 급격히 게임에 빠진 후 성적이 떨어져서 진료실에 찾아왔다. 중학교 입학 당시에는 성적이 상위권이었던 아이는 1학년 2학기부터 게임을 시작했는데, 이제 조절하기 어려워져 게임을 하루 종일 하게 되었다. 또 부모에게 거짓말을 하고 PC방에 가더니, 최근 들어서는 돈을 훔치는 일까지 있었다.

진료실에서 아이는 가만히 있지 못하고 계속 손을 꼼지락거렸다. 부모에게 물어보니 어릴 때부터 행동이 산만하고 부주의한

면이 있었는데, 공부를 잘했고 특별히 학교에서 지적을 받지 않아 문제로 여기지 않았다고 한다.

아이는 심리검사 결과 IQ는 90으로 보통 수준이었으나, 일부 소검사에서 집중력 저하가 보였다. 코너스^{Conners}의 자가 보고식 ADHD 설문지에서 50점, 지속적 주의력 검사에서 청각 주의력의 산만함이 발견된 것이다. ADHD 진단 하에, 아이에게 정신자극제를 처방하고, 안정적 환경을 조성하고 학습법의 변화를 주고 게임 사용 시간을 제한하고 기록하는 행동요법을 시행했다.

또 다른 열 살 남자아이는 아무도 간섭하는 사람이 없어 마음 놓고 게임에 빠져들었다. 어머니는 매일 아침 일을 나가면서 아이를 혼자 두는 게 미안해 용돈을 줬다. 아이는 그 돈으로 PC방 단골손님이 됐고 게임 아이템도 사들였다.

아이가 PC방에 다니는 걸 까마득히 몰랐던 어머니는 지난해 11월 PC방 주인에게서 아이를 데려가라는 연락을 받고 깜짝 놀랐다. 자정이 다 된 시간까지 게임을 하고 있던 아이에게 PC방 주인이 "집에 가라"고 하자 아이가 "내가 왜 나가야 되느냐?"며 대들었다는 것이다. 주위의 권유로 상담소를 찾았는데, 아이는 이미 게임 중독과 ADHD에 빠져 있었다. 아이는 현재 충동억제제를 복용하면서 상담 치료를 받고 있다.

위의 사례들에서 보았듯이 부모들이 흔히 호소하는 아이들의 인터넷 중독 증상들을 정리해보면 다음과 같다.

- 시간관념이 없어져 낮과 밤의 구분이 사라졌어요.
- 학업에 관심이 없어지고 지각 결석이 늘더니, 이제는 아예 학교를 안 가요.
- 친구들과도 만나지 않고 집에만 틀어박혀 있어요.
- 친구나 가족보다 게임 같이하는 사람들을 더 중요하게 생각하는 것 같아요.
- 게임과 관련된 거짓말이 늘더니, 심지어는 부모 지갑에 손을 대기 시작했어요.
- 성격이 예민해지더니 폭언과 공격적 행동이 늘어났어요.
- 게임 잔상이 남았는지 혼자 소리를 지르고 이상한 행동을 해요. 게임 상황과 현실을 혼동하는 것 같아요.
- 하루 종일 게임만 하고 아무 일도 안 해요.
- 청소라도 해주려고 방에 들어가면 눈을 부릅뜨고 욕을 하고 화를 내요.
- 가족들과 함께 식사를 하지 않고, 밤에 몰래 나와서 냉장고에서 뭔가 찾아 먹어요.

인터넷 중독 관련하여 병원을 찾아온 아이들의 특징을 정리해보자. 부모들이 걱정하는 것도 이 부분이다. 첫째 건강에 문제가 있다. 소위 폐인과 같은 극단적인 모습을 보이기도 한다. 장시간 꼼짝하지 않고 게임만 하느라 정상적인 영양 섭취와 수면을 취하지 않아 심하게 초췌하고 말랐다. 반대로 밥 먹는 시간도 아까워 라면이나 햄버거 등 고칼로리 인스턴트식품을 급하게 먹는 경우 소화불량, 변비 등 만성 소화기 질환에 시달리고 필연적으로 비만이 된다.

또 장기간 같은 자세로 키보드를 사용해 게임을 할 경우 긴장성 두통과 뒷목, 손목 팔, 어깨에 생기는 근육막의 통증, 디스크가 생기기도 한다. 가까운 거리에서 게임 화면에 지속적으로 노출될 경우, 안구 건조증, 시력 장애, 근시가 생길 수 있다. 드문 경우지만 닌텐도증후군(닌텐도 오락 게임을 하다가 발작을 일으켜 붙여진 이름)이라 알려진 것처럼, 밝은 빛의 섬광은 경련(간질)에 취약한 사람들로 하여금 정신을 잃고 쓰러지는 발작을 유발할 수 있다.

밤낮이 뒤바뀐 불규칙한 수면과 불면은 성장호르몬 분비를 억제해 성장 발육의 저하를 초래한다. 72시간 이상 꼼짝하지 않고 PC방에서 지속적으로 게임을 하다가 정체되어 있던 혈액의 응고 덩어리가 폐에서 호흡을 중단시켜 돌연사한 일이 보고되어 충격을 안겨준 바 있다.

둘째 책임감이 없고 분노에 차 있다. 온순하고 긍정적이었던 아이가 게임에 빠지면서 점차 자제력을 잃고, 공격적이고, 부정적인 성격으로 바뀌게 된다. 특히 게임 아이템을 뜻대로 모으지 못했을 때, 애써 모은 아이템을 사기당했을 때, 게임에 졌을 때, 누가 게임을 못 하게 할 때 극도의 분노가 폭발해 욕을 하거나 공격적 행동을 보인다. 더욱이 충동적 성향이 높은 ADHD 아동의 경우 게임을 둘러싼 집 안 내 전쟁은 이른 시기에 시작된다.

이에 대해 게임 캐릭터 공격에 몰입한 뇌가 현실과 게임을 구분하지 못해 주변 사람들에게 공격성을 분출하는 것이며, 폭력 장면에 학습된 뇌가 폭력 행동에 둔감해져 생기는 현상이라고 주장하는 연구자들도 있다.

그런가 하면 아이가 성격이 부정적이고 거칠어지는 대신, 평소 부지런하고 의욕적이었는데 나태하고 무책임하게 변하기도 한다. 게임에 빠져 시간관념이 없어지고, 자신이 해야 할 일을 자꾸 미루다 결국 포기하는 것이다. 학교에 지각하거나 결석하는 일이 늘고 학업에 흥미를 잃어 성적은 바닥을 치게 된다.

셋째 정신건강에 문제가 있다. 인터넷 중독 문제로 병원을 찾는 경우, 대부분 여러 정신질환들이 동반되어 있다. 많은 동반 정신질환 연구에 따르면 우울감, 강박 성향, 낮은 자존감, 사회성 불안감, 낮은 자기 효능감, 충동성, 집중력 장애, 행동문제(비행, 거짓말하기)가 흔히 보고된다.

이러한 동반 질환이 인터넷 중독의 원인인지, 아니면 장기간 인터넷 게임에 빠진 결과로 생긴 문제인지 구분하기란 매우 어렵다. 인터넷 게임에 과도하게 빠진 기간이 길수록 병적 탐닉에 대한 죄의식, 조절 실패에 대한 좌절감, 현실 세계와의 괴리감이 점점 커지는 원인-결과의 악순환의 고리로 보아야 할 것이다.

현재 인터넷 중독의 동반 질환을 밝히고자 한 연구들을 살펴보면 우울 장애, 불안 장애, 강박증, 충동 조절 장애, 행동 장애, 주요우울증, 정신분열병, 조울병, ADHD, 물질 중독 장애 등 거의 모든 정신질환의 동반율이 높게 나온다.

넷째 각종 사고 범죄에 노출되기 쉽다. 극단적이지만 이미 신문에 보도된 사건들을 한번 살펴보자. 게임을 못 하게 꾸짖는 어머니를 살해한 후 자살한 중학생, 게임 속 자신의 캐릭터를 살해한 상대를 찾아가 흉기로 찌른 30대 남자, 게임에 빠져 갓난아기를 방치해 굶어 죽게 한 젊은 부부, 게임 문제로 부모와 갈등을 겪다 입학식 날 홧김에 투신자살한 고교생 등이 있었다.

또 같은 반 아이에게 자신의 게임 레벨을 높이라고 시키고 아이템을 빼앗은 학생, PC방에 가기 위해 또래 여중생을 16시간 동안 강제로 끌고 다니며 폭행하고 금품을 갈취한 여중생, 게임 아이템 구입 및 계정 비용을 마련하기 위해 소매치기, 강도 등 범죄 행위는 물론 원조교제에 나서는 남녀 가출 청소년 집단도 있었다.

교통카드나 문화상품권도 모자라 '휴대폰 깡'을 하고 헌혈을 해 게임비를 마련하는 청소년, 온라인게임에 접속한 초·중학생들에게 '사이버 머니를 벌게 해주겠다'며 접근해 부모의 개인정보를 알아내 아이템을 구입한 뒤 되파는 방식으로 1억여 원을 가로챈 10대 등도 볼 수 있다.

　다섯째 가장 심각한 것은 '게임좀비', '디지털 폐인'의 모습이다. 이들에게는 눈떠서 잘 때까지 생활의 1순위가 게임이고 나머지 해야 할 일은 단지 게임을 방해하는 하찮은 일이다. 밤새 게임을 하고 늦게 깨어 학교에 지각하고, 수업은 듣는 둥 마는 둥, 게임 잔상이 남아 게임 생각에 젖어 있고, 성적은 쭉쭉 떨어진다. 학교 친구들보다 게임 수준이 비슷한 온라인게임 친구들과 어울리다 보니 친구들도 점차 떨어져 나가고, 급기야 학교에 갈 의미를 찾지 못해 가지 않게 된다. PC방 혹은 집에 틀어박혀 세상이 어떻게 돌아가는지는 관심 없이 시간 가는 줄 모르고 게임에 빠져든다.

　이들은 방 정리, 숙제, 야외 활동, 각종 모임 참가는 고사하고, 심지어 밥 먹으라는 엄마의 말까지 게임에 방해되는 소리로 느낀다. 미래에 대한 계획이나 꿈도 포기한 채 경제 활동이란 간간히 아이템을 팔아 돈을 버는 것이 고작이다. 한마디로 살아 있는 이유가 게임을 하기 위한 것이 되는 것이다.

인터넷 게임이
우리 아이의 뇌에
어떤 영향을 미칠까

현재 인터넷 중독자의 뇌 연구는 활발히 이루어지고 있다. 그런데 건전한 인터넷 사용을 위한 경고성 캠페인을 위해 게임에 대한 뇌 반응을 지나치게 간단하게 혹은 자극적으로 만들어서 게임 개발자나 중립적 시각의 게임 연구자들의 큰 저항을 불러일으키기도 한다. 이번 장에서는 현재까지 발표된 연구 결과를 간단히 정리하고, 또한 이에 대한 반론도 정리해보려고 한다.

첫 번째로 인터넷이 알코올 중독이나 코카인, 마약 중독 같은 물질과 같이 중독을 일으키는 중독 물질이라는 견해가 있다. 그래서 이들 물질과 관련된 뇌 회로와의 연관성이 자주 거론되고 있다. 특히 선조체striatum, 편도amygdala, 해마hippocampus, 배측전두엽

dorsolateral prefrontal cortex, 안와전두엽orbitofrontal cortex 등은 물질 중독에서 뿐만 아니라 도박, 쇼핑, 방화, 인터넷 사용과 같은 반복적인 행위 중독에서도 자주 거론되는 뇌 부위다.

행위 중독은 보상행동을 관장하는 뇌의 회로와 연관되어 있다. 전두엽의 일부를 연결하는 도파민 경로의 보상회로인 복측피개영역ventral tegmental area과 측위신경핵nucleus accumbens은 약물중독이 아닌 도박, 쇼핑, 방화, 인터넷 사용과 같은 반복적인 행위에 의해서도 변경된다. 예컨대 비디오게임을 할 때처럼 관심과 집중력이 요구될 때(목적행동) 선조체의 도파민 분비가 증가하며 이는 보상행동을 강화한다.

보상행동이란, 즐거움과 재미를 보답으로 불러일으키는 행동들을 의미한다. 비록 중독성 물질의 섭취가 보상 기제에 훨씬 강력한 영향을 미치지만, 도박이나 인터넷 중독과 같은 반복적 행위도 중독성 물질과 유사한 방식으로 뇌 작동 기제에 영향을 미치고 있다고 '인터넷도 중독'이라고 주장하는 학자들도 있다.

두 번째로 보상결핍이론reward deficiency syndrome이 있다. 정상적인 보상에 대해 만족하지 못하는 개체가 보상 전달 경로reward pathway의 자극을 위한 목적으로 약물을 사용하게 되는 경향이 있는데, 인터넷 사용은 새로운 종류의 비정상적 보상unnatural reward으로 기능한다는 것이다.

우리 인간이 집중을 하거나 목적행동을 할 때 선조체의 도파민 분비가 증가하며 이는 보상행동을 강화하는 것으로 알려져

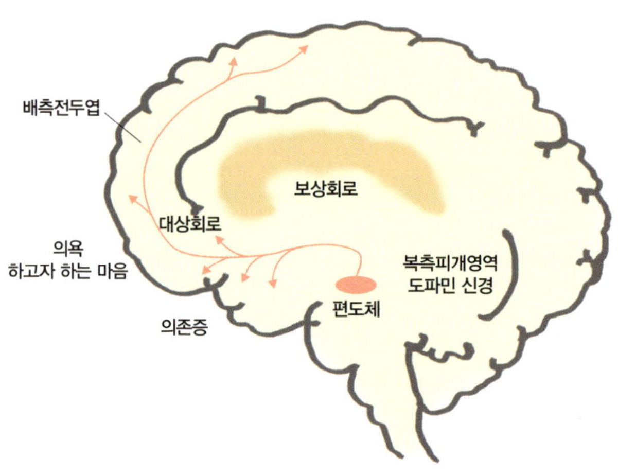

있다. 인터넷 사용자 혹은 인터넷 게임 중독자의 뇌 연구에서 선조체와 전전두엽에서의 도파민 분비가 보고된 바 있다. 보상결핍이론은 도파민 수용체, 도파민 수송체, 도파민 분해효소에 유전적 변이를 타고나 도파민이 부족한 사람들은 외부 자극을 통해 이를 보상하려 하기 때문에 물질 중독뿐만 아니라 인터넷 사용을 포함한 행위 중독에도 취약할 것이라 설명되고 있다.

이 외에 아직 확실한 증거는 미비하지만, 충동성, 허무함 등의 임상 증상이나 공존 질환 중 우울증이 높은 빈도로 가장 흔히 발병하는 상황으로 미루어 세로토닌의 불규칙 또한 의심되고 있다. 실제로 몇몇 연구에서는 인터넷 중독 고위험군 청소년들의 세로토닌 수송 유전자나 세로토닌 수용체 유전자의 유전자 다형성을 보고하기도 했다.

미국의 노라 볼코Nora Volkow 박사 등에 따르면, 청소년기의 전두엽은 계속 발달하는 영역이며 아직 완성되지 않아서, 충동성이나 보상 기제를 관장해야 하는 전두엽의 기능이 다른 영역에 비해 취약할 수 있기 때문에, 물질 중독을 비롯한 각종 중독증이 이때 시작된다고 한다.

또한 다른 행위 중독과 비교되는 인터넷 사용의 특징은 모니터를 사용하여 시각 자극 효과가 큰 것을 들 수 있다. 이에 따라 일차 혹은 이차 시각 영역의 과활성화가 기능성 자기공명영상fMRI 연구에서 흔히 보고되는 결과이기도 하다.

인터넷 중독 문제가 처음 대두되었을 때, 학자들은 이를 연구하기 위해 그 임상 증상 및 치료 방침의 틀을 기존의 물질 중독에서 가져오려고 했다. 킴벌리 영이 처음 만든 인터넷 중독의 진단 기준 또한 '물질 중독Substance Addiction'에서 '물질'을 '인터넷'으로 바꾸는 수준이었다. 그 개념 또한 중독이 가지고 있는 갈망, 내성, 금단 증상과 같은 핵심 증상이 포함되어 있었다. 그 결과 인터넷 중독 관련 뇌 연구 또한 이들 증상들을 증명하는 쪽으로 진행이 되어왔다.

흔히 알코올이나 마약 같은 물질 중독에서는 '보상회로'라는 부분을 자주 거론하고, 보상 기제의 파괴, 보상회로의 결핍 등의 용어를 사용해 중독의 갈망과 내성의 증상을 설명한다. 인터넷 중독도 이와 같은 방식으로 설명되어왔다. 물질 중독의 금단 증상 중에는 화학적 작용이 주로 관여된 심장이 뛰고, 눈동자가 커지고, 식은땀이 나며, 환각 증상 등이 나타나는 신체적 금단 증상과, 짜증, 우울감, 공격성 등의 심리적 금단 증상이 있다.

그런데 인터넷 중독은 술이나 마약처럼 화학적 작용이 없기 때문에, 신체적 금단 증상이 없고 심리적 금단 증상만 나타난다. 이러한 심리적 금단 증상에 대해서도 몇몇 연구자들은 회의적이며, 이것을 과연 물질 중독이 가지고 있는 '금단 증상'과 똑같이 봐야 할지는 의문이다.

물질 중독을 설명할 때 자주 거론되는 보상회로로는 크게 전두엽frontal cortex, 측두엽temporal cortex, 선조체 부위로 나뉜다. 먼저 전두엽은 배측전두엽과 안와전두엽, 대상회로 나뉘어 선조체에서 보내는 쾌락의 자극과 갈망을 조절하는 역할을 한다. 그중 배측전두엽이 특히 조절의 중요한 역할을 하며, 안와전두엽은 배측전두엽의 지배를 제대로 받지 못하면, 오히려 중독 행동을 더욱 강화시키는 역할을 한다.

측두엽은 해마와 편도를 포함하는데, 이들 해마와 편도는 과거 자기가 기분 좋게 생각했던 기억들을 더 잘 떠올리게 하는 역할을 한다. 따라서 과거 물질 사용 시 황홀하고 기분 좋았던 기억이 있다면, 이들 부위가 자극을 받았을 때는 그때의 기억이 더욱 선명히 떠올라 중독 행위를 더 하도록 만드는 것이다. 자꾸 더 하고 싶은 마음을 강화시키는 것이니, 갈망과 관련 있다고 하겠다.

선조체는 복측피개영역과 중격측좌핵nucleus accumbens이 주된 영역으로 쾌락 행동을 증가시키는 것과 관련이 있다. 그런데 이때 선조체에서 많이 만들어지고 분비되는 물질이 도파민이라는 신경전달물질이다.

이 선조체에서 도파민이 많이 만들어지면 충동적이고 공격적이 되며, 쾌락을 느끼는 강도가 강해진다. 그런데 여기서 '많이'라는 기준이 참 모호하다. 우선 사람마다 도파민이 나오는 정도가 달라서 일정한 기준이 있지 않다. 그렇다고 인터넷을 할 때 마약이나 알코올을 사용할 때처럼 확연히 도파민 분비가 증가된다는 것이 확실히 증명되지도 않았다.

또한 도파민은 공부를 할 때나 집중을 할 때, 운동을 할 때 성관계를 할 때에도 일반 상태일 때보다 많이 분비되기 때문에, 선조체에서 도파민이 많이 나온다고 해서 '질환'이라고 말하기는 어려운 것이다. 공부, 집중, 운동, 성관계 이들 모두를 '중독 물질'이라고 하기는 어렵기 때문에, 도파민이 분비되게 만든다는 사실만으로 인터넷 혹은 게임이 중독 물질이라고 말할 수는 없다.

상당수의 인터넷 게임 관련 기능성 자기공명영상 연구가 게임 자극을 줄 때 전두엽이 활성화된다는 사실을 기반으로, 인터넷 게임이 술이나 마약과 같다고 이야기한다. 사람들에게 각각 마약, 알코올, 게임 세 개를 보여주고 기능성 자기공명영상을 촬영하면 모두 전두엽 특히 배측전두엽이 활성화되는 것으로 나타나는데, 그에 따라 이 세 개가 모두 같은 유의 중독 물질이라고 이야기하는 것이다. 갈망을 유발하는 것이 똑같으니까, 같은 유의 중독이라고 이야기하는 것이다.

물론 배측전두엽 및 안와전두엽이 갈망과 밀접하게 관련이 있기는 하지만, 마약, 알코올, 게임을 같은 유의 중독 물질이라고 하기에는 전두엽을 자극하는 물질이나 상황이 너무도 많다. 도파민의 분비를 자극하는 방법과 비슷하게, 수학 문제를 풀게 하거나, 가위바위보를 시키더라도 전두엽은 자극이 된다.

따라서 게임 자극을 주고 전두엽을 활성화시키는 것이 과연 게임의 갈망을 자극하는 것이냐, 아니면 게임과 관련된 갈등 사항이나 뇌의 작업 기억 능력을 재활성화시키는 것이냐에 대한 의문 또한 풀려야 한다.

놀이가
뇌 발달에 중요한
영향을 미친다

아이들이 즐기는 장난감, 오락, 게임, 어른들이 즐기는 취미생활, 레저스포츠를 통틀어 모두 '놀이play'라고 정의할 수 있다. 흔히 놀이라고 하면 공부나 할 일을 제대로 안 하고 시간을 허비하는 비생산적이고 부정적인 것이라는 생각을 먼저 할 수 있는데, 사실 놀이란 일상생활에서 중요한 부분을 차지한다. 정신적으로 건강한 사람이란 '누군가를 사랑할 줄 알고, 일을 할 줄 알며, 놀 줄 아는 사람이다'라는 말이 있을 정도다.

놀이는 학습 못지않게 아동의 뇌 발달에 중요한 영향을 미친다. 볼트만A.G. Woltmann은 이렇게 말했다. '놀이란 아동 정신세계의 일부를 이루며, 대화의 방법이며, 세상을 검토, 숙지, 수용, 이해하는 방법이다.' 또 에릭 에릭슨^{Erik Erikson}과 루이스 브레거^{Louis Breger}는 각각 이렇게 말했다. '놀이는 아동이 감당하기 힘든 현실 세계에서 탈출해, 자신의 상상과 장난감 속에 자신의 감정, 갈등, 혼돈을 정리하는 아동의 소우주이다.' '놀이는 자신만의 세계로, 현실의 노예가 되지 않고 자유롭게 실험하고 창조할 수 있다.' 덧붙여 서양 속담에는 '공부만 하고 놀지 못하는 아이는 바보가 된다'는 말도 있다.

특히 성장기에 있는 아동들은 놀이를 통해서 세상을 이해하고 배우며, 억눌렸던 감정을 해소하고, 상상의 세계를 넓히며, 자연스럽게 친구를 사귀게 된다. 따라서 '아이들에게는 노는 것도 공부하는 것'임을 충분히 인지해야 한다.

놀이의 기능을 7가지로 정리해보면 다음과 같다. 첫째 자신을 둘러싸고 있는 환경을 배우고, 탐험하여 적응력을 키운다. 둘째 안전하게 문제해결 능력을 실험한다. 셋째 성인의 사회적 역할에 대해 준비하고 연습한다(예컨대 소꿉놀이). 넷째 공격성, 사랑 등의 본능적 욕구를 표현하고 충족시키는 방법을 터득한다(예컨대 인형놀이, 동물놀이). 다섯째 자신이 수동적으로 당했던 경험을 능동적으로 극복해 나간다(예컨대 병원놀이). 여섯째 자신의 공상이나 갈등을 상징적으로 표현한다. 일곱째 게임 규칙을 통해 사회 규칙, 공통적 규범, 사회문화적 공통 가치관을 자연스럽게 배우고 습득한다.

또 놀이의 역할을 아이의 발달 단계에 따라 세분하여 살펴보면 다음과 같다. 영아기(0~1세)의 가장 중요한 발달과제는 엄마에 대한 애착 형성이다. 에릭슨은 이 시기를 '기본적 신뢰감basic trust'을 형성하는 시기라 했다. 또한 이때는 뇌의 발달이 왕성한 시기로 수동적인 존재인 영아들에게 어머니의 적극적인 자극이 필요하다.

존 볼비John Bowlby나 르네 스피츠Rene Spitz 등에 따르면 '어른들의 자극이 결핍된 고아원이나 수용소에서 자란 아이들은 언어, 신체, 지능 발달이 늦다.' 반면 영아가 알아듣건 못 알아듣건 엄마가 지속적으로 말을 걸고 눈을 맞추어준 경우에 언어, 지능 발달이 빨랐다는 보고가 있다.

이 시기 아이는 소리 자극, 신체 자극에 즐거워한다. 뇌 발달에 감각운동sensory motor 놀이(오감을 이용한 놀이. 신문지나 밀가루 등 자극을 받고 만들 수 있는 재료를 사용)가 필요한 시기다. 이 시기에 적절한 애착 형성이 안 되면, 청소년 시기의 또래관계, 성인기의 부부관계에도 영향을 미치게 된다. 또한 그 아이가 성장하여 아이를 낳았을 때, 자신의 아이와의 애착 형성에도 다시 문제가 생기게 된다.

걸음마기(1~3세)에 아이는 아장아장 걷기 시작하여 활동 범위가 넓어지며, 언어가 급성장한다. 또한 자기 마음대로 하려 하는데 이를 제지하려 하는 엄마와 본격적인 전쟁이 시작된다. 미국에서는 이 시기를 '공포의 두 살'이라고 부른다.

이 시기의 아이들은 뛰고 기어오르고 물건을 자유자재로 다루는 놀이를 즐겨 한다. 뇌 발달에 특정 행동 수행이 익숙해지는 숙달mastery 놀이가 필요한 시기다. 자신의 행동을 조절하고, 통제하는 과정의 시작이라 할 수 있다. 이때 부모는 일관성 있는 훈련으로 아이로 하여금 행동의 허용 범위를 인식케 하고, 공격성을 적절히 배출하고 통제하는 방식을 가르치고, 아이가 할 일은 스스로 하도록 교육해야 한다. 부모가 일관적이지 못하면 아이는 자신의 행동에 대한 잘잘못의 기준 형성의 필요성보다는 빠져나가고 합리화하려는 핑계를 만드는 데 더욱 익숙한 아이로 성장해 나갈 것이다.

학령전기(3~6세)는 유아원이나 유치원에 다니는 시기로, 이 시기 아이는 자신의 성기 모양에 관심을 갖게 되고, 남녀 역할 차이를 분명하게 알게 된다. 언어가 급증하고, 호기심이 많아서 이것저것 물어보고, 상상력이 풍부해진다.

이 시기의 아이들이 정상적으로 자랄 수 있기 위해서는 원만한 부부관계가 가장 중요하다. 아이의 남녀관계에 대한 질문에 적절히 대답해주고, 아이의 놀이나 공상에 대한 관심과 격려, 풍부한 일상생활을 경험할 수 있는 기회를 아이에게 제공해주어야 한다. 이를 통하여 아이는 상상력과 호기심을 충족하고 세상을 넓게 경험하게 된다.

학령전기 아이들은 싸우고 뒹구는 놀이 외에도 소꿉놀이, 귀신놀이, 전쟁놀이 같은 협동적 연극놀이dramatic play가 뇌 발달에 필요하다. 이런 역할놀이는 타인의 감정을 내 것처럼 느껴볼 수 있는 간접경험이다. 따라서 이런 놀이들은 아이들의 눈높이에서 시행되고, 그들이 알고 있는 정도의 역할만을 수행하는 것이 맞다. 괜히 어른들이 소꿉놀이에 참여하여 실질적인 어른들의 역할을 제시한다면, 아이들은 감정이입을 할 수 없고, 그저 어른들을 흉내 내는 수준에 머무를 것이다.

운동이든 연극이든 실전에 가까운 연습과 리허설은 경기와 무대를 더욱 빛나게 한다. 이처럼 감정이입이 가능한 역할놀이를 통해 학령전기의 아이들은 훗날 청소년기와 성인기 무대를 착실히 연습할 수 있다.

학령기(7~12세)에는 활동 범위가 집 안의 울타리에서 벗어나 학교, 선생님, 친구, 학업 등으로 확장된다. 이때 아이들은 자신의 말이나 행동, 능력을 부모, 친구, 선생님이 어떻게 평가하느냐에 관심을 가진다. 부모, 선생님, 친구들로부터의 인정이나, 좋은 학업 성적은 아이로 하여금 자신감과 우월감을 갖게 하고, 반대인 경우에는 열등감과 우울감을 갖게 한다.

학령기 초기의 타율적인 외부 규칙이나 규율은 점차 내재화되어 내부의 목소리인 양심을 형성하게 된다. 이때 부모는 아이의 학습, 과외 활동, 선생님 혹은 친구와의 관계에 관심을 가져야 한다. 또 아이가 성취감을 맛볼 기회를 제공해야 하며, 작은 성취에도 칭찬을 아끼지 말아야 한다.

또한 아이가 자신보다는 남을 먼저 생각할 수 있게 단체와 규칙에 대한 개념도 심어주어야 한다. 이 시기는 아이들 스스로 규칙을 정하고, 편을 가르고, 경쟁하는 것이 뇌 발달에 필요한 시기다. 학령기의 자신감은 평생을 갈 수 있다. 사회에서 내리는 자신의 평가를 객관적으로 받아들이는 때의 시작이기 때문이다.

따라서 아이를 공부라는 한 가지 영역에서 평가하여 '너는 몇 등짜리 아이'라고 낙인찍기보다는 운동, 예체능, 대인관계 등 여러 가지 면에서 평가하고 그중에 아이가 잘하는 것에 대해 긍정적 피드백을 주는 것이 꼭 필요한 시기다.

그렇다면 이제 놀이로서 인터넷 게임이 아이들의 뇌 발달에 어떠한 긍정적 영향을 줄 수 있는지 생각해보자. 첫째 게임은 움직이는 화면을 보면서 두뇌로 판단하고 최종적으로 손으로 작동시키는데, 이런 두뇌-눈-손가락의 협동 조작 훈련은 아동의 두뇌 발달과 섬세 운동 기능 발달에 좋은 놀이다.

둘째 게임은 제멋대로 하는 것이 아니고 게임마다 프로그램된 규칙이 있으므로, 이를 통해 아이는 규칙과 게임의 원리를 터득하게 되어 자연히 과학적 사고체계를 발달시킬 수 있다.

셋째 게임은 하면 할수록 점수가 늘게 되는데, 이런 경험을 통해 자신도 무언가 할 수 있다는 자신감과 성취감을 맛보는 기회를 얻을 수 있다.

넷째 만약 게임 내용이 교육적이라면 새로운 미지의 세계를 탐험하고 현실 세계를 이해하고 닥칠 문제를 해결해보는 좋은 연습의 장이 되는 것이다.

다섯째 인터넷은 그 자체가 다양한 정보에 연결될 수 있는 것으로, 자발적인 학습의 동기를 부여하고, 사고를 더 넓혀준다.

여섯째 인터넷을 통해서 여러 사람들이나 친구들을 사귈 수 있는 기회가 주어진다. 물론 역설적으로 위험이 있기는 하지만, 그 자체는 긍정적이라 볼 수 있다.

정말
인터넷 게임이
문제일까?

인터넷 게임 문제 때문에 우리 병원을 찾는 어린아이들을 보면, 인터넷 게임을 원망해야 할지, 우리 어른들이 반성을 해야 할지 복잡한 생각이 든다. 간혹 학교도 안 간 아이들이 기계를 척척 조작하며 우리 어른들에게는 생소한 컴퓨터 게임이나 스마트폰 게임을 즐기는 것을 보면서 어른으로서 열등감마저 느끼는 경우도 보았다. 그런가 하면 바쁜 부모에게 보채지 않고 고맙게도 혼자 컴퓨터 모니터를 보면서 놀던 아이가 어느새 게임에 빠져 돌이킬 수 없게 되는 경우도 보았다.

다음 두 아이의 사례는 신문에도 소개된 유명한 사례다. 아직 우리 병원에는 세 살 정도의 아이가 인터넷 중독이 의심되어 온 경우는 없었다. 하지만 청소년기 자녀의 인터넷 문제로 고민하는 부모가 혹시 아이가 어렸을 때 저런 고민을 하지는 않았나 싶은 생각도 든다. 자세히 살펴보자.

한 어머니는 아이패드에 푹 빠진 세 살짜리 딸에게 그림책을 쥐어주었다가 깜짝 놀랐다. 아이가 그림책을 손가락으로 터치하고 드래그하는 등 아이패드 다루듯 한 것이다. 그러다가 아이패드 같은 화면 전환 반응이 없자 신경질을 내며 책을 던져버리고는 떼를 쓰며 울었다.

이 어머니가 아이에게 처음 아이패드를 주었던 목적은 한글교육용 애플리케이션 등을 이용해 한글을 쉽게 익히도록 하기 위해서였다. 처음에는 성공적으로 보였다. 아이는 하루에도 몇 시간씩 아이패드로 한글 공부에 집중하고 외출할 때나 손님이 왔을 때에도 조용히 '공부'했다. IT기기를 능숙하게 다루는 아이가 부모는 대견하기까지 했다.

그러나 몇 달 뒤 부모는 문제가 심각하다는 걸 깨달았다. 또래 친구들이 집에 와서 인형이나 장난감 로봇을 가지고 놀 때도 딸은 아이패드만 만졌다. 처음 반짝했던 한글 공부도 진전이 없어 또래에 비해 언어 구사 능력은 되려 뒤처져버렸다. 요즘 이 어머니는 딸에게서 아이패드를 떼어놓기 위해 매일매일 '전쟁'을 치르고 있다.

위의 두 사례에서 보듯, 교육용으로 혹은 자신이 인터넷에 빠져 별생각 없이 아이에게 IT기기를 쥐어준 부모, 또 이런 기기를 잘 만지며 노는 아이를 IT 신동이라 착각한 부모, 게임에서도 다른 아이에게 뒤지면 안 된다고 생각한 부모들이 후폭풍에 시달리고 있다.

먼저 위와 같은 어린 유아에게 '유아 게임 중독'이란 용어를 사용하는 것은 논란의 여지가 있다고 본다. '유아 게임 집착'이라는 용어가 더 적절할 것이다. 본론으로 들어가서, 3~6세는 뇌 발달과정에서 언어 습득과 표현, 운동 조절, 정서 사회성을 담당하는 뇌 부위를 비롯하여, 좌우 뇌를 연결시키는 뇌량, 판단력·사고력·주의집중력·통제력과 관련이 있는 전두엽이 성장하기 시작하는 시기다. 그런데 과도하게 게임에 집착한 아이는 엄마는 물론 주변 친구들과의 관계를 제대로 맺지 못해 정상적인 뇌 발달을 하지 못한다.

위 두 사례의 경우 단순히 아이에게서 아이패드를 뺏고, 게임을 못 하게 한다고 해결될 문제가 아니다. 두 사례 모두 엄마와 아이 간 애착 증진을 위한 놀이 치료를 우선 실시하면서 그간 게임으로 뒤처진 정서 및 감정 발달과 인간관계 발달과제들을 성취해야 하며, 필요하다면 언어 치료도 실시해야 한다.

예전에는 아이들끼리 골목에 모여 누가 가르쳐주지 않아도 스스로 놀이 방법을 개발하여 규칙을 만들고 편을 갈라 서로 협동하여 상대편과 경쟁하면서 놀았다. 그러나 요즘에는 골목에서 아이들끼리 자연스럽게 모여 편을 갈라 노는 것을 보기 힘들어졌다.

뇌 발달에 필수적인, 부모가 아이에게 주어야 할 자극과 또래끼리 서로 주고받아야 할 자극들은 사라지고, 컴퓨터 화면에 나타나는 자극만 존재한다는 것이 가장 우려되는 점이다. 컴퓨터 게임의 문제점 중 하나는, 놀이의 방식이 아이들 스스로가 창안해낸 것이 아니라 이미 정해진 프로그램에 따르는 것이고, 놀이 대상이 사람이 아닌 기계라는 것이다.

즉 과거에 아이들이 놀면서 자연스럽게 얻을 수 있었던 상상력과 창의력 발달의 기회, 친구와 어울려 놀면서 벌어지는 싸움이나 편먹기 등을 통해 역시 자연스럽게 얻을 수 있었던 사회성 발달의 기회를 빼앗겼다고 할 수 있다. 이러다 자칫 기계와만 노는 아이가 되거나 왜곡된 인간관계를 갖는 아이가 되지는 않을까 걱정된다. 아래 사례들은 그런 우려가 현실이 된 경우다.

중학교 2학년 은선이는 가족과 함께 컴퓨터 게임 문제로 토요일 진료가 끝나갈 무렵 어렵게 진료실을 찾았다. 아이는 역시 내가 병원에 왜 와야 하느냐는 표정이었다. 그리고 너무도 당연하게 '저는 컴퓨터 외에는 할 줄 아는 것이 없어요'라고 이야기했다. 맞벌이인 은선이의 부모는 경제적 상황이 넉넉지 않아 아이를 다른 친구들이 다니는 공부방이나 학원에 보낼 수 없었고, 안정상의 문제로 거의 집에만 있게 했다. 아이의 귀가 시간은 저녁 6시 이전으로 정해두었다.

은선이는 초등학교 1학년 때부터 고등학교 2학년인 언니가 저녁밥을 차려주고 도서관에 공부하러 가버리면, 매일 저녁 6시부터 부모가 돌아오는 11시까지 집에 혼자 있어야 했다. 말할 사람도 없었고, 공부나 다른 일상생활을 봐줄 사람도 없었다. 자신의 생각과 계획대로 시간을 보내야만 했다.

그러다 접하게 된 인터넷 및 게임은 은선이가 시간을 보내는 데 더없이 좋은 수단이었다. 후에 이 문제를 알게 된 부모가 공부나 다른 대안 활동 등을 권했지만, 이것들은 이미 관심 밖의 분야가 되어버려 아이의 흥미를 유발할 수 없었다. 더 솔직히 이야기하자면, 이미 어렸을 때부터 피아노, 미술 등을 시작한 또래의 다른 아이들과 비교하여 은선이가 지금 시작해 남들보

다 잘할 수 있는 것은 없었던 것이다. 하나 대안이 있다면 그
것은 게임이었다.

은선이는 다른 대안 활동을 어떻게 해서든 늘려야 하는 동시
에 부모가 안심할 수 있는 시스템도 만들어주어야 했다. 그래
서 생각한 것이 대학생 자원봉사자를 통한 대안 활동의 시작이
었다. 비록 부모가 종교생활을 하지는 않았지만, 은선이는 종교
단체 청년부 학생의 자원봉사를 통하여 기타를 배우게 되었다.

재미있게도, 게임을 즐기던 많은 아이들이 대안 활동으로 선
택하는 것이 '기타'다. 인터넷 게임의 특징에서도 이야기했지만,
두뇌-눈-손가락의 협동 조작 훈련의 영향일 수도 있다. 두뇌-
눈-손가락 협동 조작 훈련의 영향이 뇌 발달에 얼만큼 효과가
있는지 아직 과학적으로 명확히 증명된 바는 없지만, 수많은 대
안 활동 중에 우리 아이들이 기타를 꼽고 있다는 것은 재미난 현
상이다.

기타 다음으로 아이들이 대안 활동으로 많이 찾는 것이 미술
활동이다. 정통 미술보다는 애니메이션을 많이 찾는다. 이미 뇌
가 굳어버린 어른들이야 두뇌-눈-손가락을 동시에 제어해야 하
는 협동 자극을 보면 골치가 아플 수도 있겠지만, 청소년들에게
는 도전하고 싶은 자극이 될 만한 대안 활동인 것이다. 다음의 두
사례는 대안 활동이 아이들에게 얼마나 중요한지를 보여준다.

중학교 2학년짜리 남자아이의 부모가 진료실을 찾아왔다. 아이를 병원에 끌고 오기란 불가능해서 일단 부모부터 온 것이다. 아이는 방 안에 틀어박혀 게임만 하고, 어머니가 해주시는 음식은 먹지 않고 꼭 인스턴트식품만 먹었다. 하도 방에서 나오지 않아서 상담 선생님이 집으로까지 와서 세 차례 상담을 했지만, 아이는 전혀 변화가 없었다. 얼마 전에는 학교도 그만두었다.

아이는 중학교 1학년 때까지 머리가 굉장히 좋고, 공부도 잘하는 학생이었다. 다만 친구들 사이에서는 약간 특이한 괴짜로 불렸고, 선생님에게 반항도 많이 했다. 그러던 어느 날 수학 시간에 선생님에게 대들다가 뺨을 한 대 맞게 되었고, 자존심이 상했는지 학교에 잘 나가지 않더니, 결석이 잦아졌다. 그러면서도 시험을 보면 반에서 5등 안에 드는 우수한 성적이었다.

치료자는 우선 아이를 직접 만나기 위해 부모에게 '아이의 지능이 상당히 높은 것 같으니, 아이에게 네 지능이 얼마나 높은지 확인하기 위해 병원에 가보자고 하세요'라고 말했다. 부모는 그 정도의 말로 아이를 병원에 데려올 수 있을까 반신반의하는 표정으로 돌아갔지만, 정말 일주일 뒤 아이와 함께 진료실에 찾아왔다.

지능검사를 포함한 심리검사가 시행되었고, 그 결과 아이의 지능은 정말 138로 높았지만, 사회성과 자기 표현력이 미숙한 상황이었다. 이어 아이의 자존심을 높이고, 아이 행동이나 생각을 인정해주는 상담과 치료가 진행이 되었다. 그러면서 아이 자신이 다른 사람에게 스스로를 표현하고 보여줄 수 있는 것이 무엇인지를 찾게 했다.

그것이 작곡이었다. 아이는 작곡을 위해서 기타를 배우기 시작했다. 세운상가의 악기상을 찾아가서 기타를 사고, 음악학원에 다닐 돈을 벌기 위해 방에서 나와 아르바이트도 했다. 그리고 모자란 돈을 충당하기 위해 부모에게 용돈을 받았다. 단 돈을 받을 때는 부모의 최소한의 요구 사항을 들어주어야만 하는 시스템을 만들었다. 이후 아이는 중, 고등학교 검정고시를 통과하고 실용음악과 입시 준비생이 되었다. 그리고 자신이 작곡해서 연주한 음악을 스마트폰에 담아 가끔씩 진료실에 찾아와 들려주곤 한다.

고등학교 1학년 남자아이가 부모와 함께 진료실 문을 열었다. 아이의 아버지는 다짜고짜 화를 내며 "저 녀석 말도 안 되는 소리 하는 것 좀 들어보세요. 도무지 저는 이해가 안 갑니다"라고 말했다. 이 학생은 일본 유명 애니메이션 로고가 선명히 박혀 있는 조금은 유치한 디자인의 티셔츠를 입고서 또박또박 이렇게 이야기했다. "저는 게임하는 것은 안 좋아해요. 그런데 게임은 좋아해요. 내가 하는 것도 좋고, 남이 하는 것을 보는 것도 좋아요. 그런데 게임은 재미없어요…"

언뜻 들으면 이해가 안 되는 이야기였다. 하지만 이야기를 자세히 들어본 결과, 이 학생은 온라인게임의 요소 중에서 갈등, 상대방과의 경쟁 같은 것은 좋아하지 않았다. 게임 점수나 등급에도 관심이 없었다. 다만 게임 캐릭터의 표정 변화, 자신의 움직임에 따른 캐릭터 동작의 변화, 가끔씩 보이는 캐릭터의 감정적 변화가 그렇게도 마음에 든 것이다.

이 학생은 소위 인터넷 게임을 통해 대리 만족을 느낀다는 통속적인 심리 이론과는 사뭇 다른 이유로 게임을 좋아한 것이다. 더 쉽게 이야기하자면, 능동적으로 움직일 수 있는 애니메이션의 움직임 그 자체를 즐기고 있는 것이었다.

진료실 책상 위에는 감정의 변화를 담고 있는 얼굴 표정 그림이 붙어 있었는데, 다음번 진료 때 학생은 그 얼굴 표정 그림에 자신만의 캐릭터를 덧붙여 그려 가지고 왔다. 그림을 보고 난 후, 치료자는 아이를 설득하기보다는 부모에게 아이의 상황을 설명하고 진로에 대해서 구체적으로 상의했다.

그 결과 이 학생은 난생 처음으로 애니메이션학원에 다니기로 했다. 하루 6시간의 강행군인데도 일주일에 한 번 정도의 땡땡이를 빼면 출석률이 아주 좋았다. 어떤 학원이든 이틀을 넘기지 못했는데, 이 정도면 크게 만족한다는 부모의 놀람은 시작에 불과했다. 4개월 뒤, 아이는 일본어학원을 스스로 등록했다. 자신이 꼭 보고 싶은 애니메이션이 아직 한글로 번역이 안 되어 있어, 일본어로 봐야 한다는 것이었다. 아이는 8개월 뒤 일본어능력시험에 도전했고, 지금은 일본에서 유명 애니메이션 학과에 가기 위해 공부 중이다.

지나친 게임의 후유증은 비단 심리적, 정신적 문제뿐만 아니라, 신체적인 문제로도 이어질 수 있다. 게임 중에 나오는 전자파가 인체에 미치는 영향도 부모들의 관심사이다. 이에 대해서는 학자마다 의견이 분분하다. 소위 '닌텐도증후군'을 걱정하는 부모가 많은데, 이는 모니터 화면에서 순간적으로 나오는 강한 빛이 원인이다. 불을 끈 채 컴컴한 곳에서 컴퓨터를 하지 않으면 간질에 취약하지 않은 99퍼센트 이상의 건강한 대부분의 아이에게는 별 문제가 되지 않는다.

문제는 운동 부족으로 인한 비만, 시력 장애, 전신의 피로감이다. 특히 VDT$^{visual display terminal}$증후군이라고 부르는 목이나 어깨의 결림 등의 근골격계 질환, 눈의 피로와 뻑뻑함, 무력감 등을 문제로 들 수 있다. 원인은 장시간 지속적인 컴퓨터 사용, 나쁜 자세, 잘못된 환경 등을 꼽을 수 있다.

이런 신체적 부작용들이야 오래전부터 학교나 방송에서 많이 거론된 이야기라서, 아이들에게는 그렇게 큰 경각심을 불러일으키지 않는다. 그래서 진료실에서는 아이들에게 그런 고리 타분한 이야기를 하지는 않는다. 대신 아이들 사이에서 나올 수 있는 현실적인 이야기를 한다. 운동 부족을 지적하고 다른 대안 활동으로 유도하기 위해 스포츠 활동 같은 것을 이야기해본다.

자신감이 결여되어 그 도피처로 인터넷 게임에 빠져 있는 청소년에게도 대안 활동은 새로운 활력소로 작용할 수 있다. 다음의 사례는 운동에 재능이 없어 주눅이 들어 있던 아이가 당구라는 대안 활동을 통해 생활 태도의 변화를 보였다는 내용이다.

원래 운동 신경이 없고, 뚱뚱한 정현이는 체육 시간을 정말 싫어했다. 하지만 선생님과 어른들은 운동을 해야 건전하고 올바른 청소년이라고 한다. 농구, 축구는 물론 배구까지 아무리 해봐야 공을 따라가지 못하는 정현이는 '공' 소리만 들어도 주눅이 들었다.

그런 정현이에게 ○○게임은 자신이 다른 사람보다 우월할 수 있는 것 중 하나였다. 평소 주눅이 들어 있다가도 이 게임 이야기만 나오면 앞에 나설 수 있었다. 그럴 때 아이는 다른 친구들이 하지 못하는 것을 할 수 있다는 우월감, 승리감, 쟁취감 등을 종합적으로 느낄 수 있었다. 스포츠 활동에서 맛볼 수 있는 각종 감정을 가상세계에서 아바타의 움직임에 의해 맛보고 있었던 것이다. 정현이는 당연히 이 가상현실을 더욱 즐기게 되었고, 그러다 보니 신체 활동 시간보다는 게임 시간이 늘어날 수밖에 없었다.

치료자는 일곱 차례 이상의 면담을 통해 아이가 승리감, 쟁취감, 우월감을 동시에 맛볼 수 있는 것이 무엇인지 함께 고민했다.

단 지금 정현이가 제일 잘하는 게임과 제일 못하고 상처를 받은 농구, 배구, 축구 같은 활동은 제외했다. 원칙은 남들이 많이 하지 않는 색다른 것 중 운동도 될 수 있고, 하게 되면 잘할 수 있는 활동을 고르는 것이었다.

고민 끝에 우리는 당구를 선택했다. 중학교 2학년 학생에게는 다소 파격적이기는 했지만 운동 신경이 별로 발달하지 않은 정현이가 평범한 것으로 다른 친구만큼 잘하게 되려면 너무도 많은 좌절을 겪어야 하기 때문에 조금 낯선 것을 고른 것이다.

금상첨화로 정현이 아버지가 도움을 주셨다. 회사 동료들과 회식 후 한 번씩 당구를 쳤던 아버지가 정현이와 같이 당구장에 가고, 건전한 당구장과 선생님을 적극적으로 주선해준 것이다. 75킬로그램이 넘었던 정현이의 체중도 두 달 만에 60킬로그램대로 감소했다. 처음에는 '당구장'이라는 선입견 때문에 걱정하던 어머니도 오프라인 활동의 증가와 더불어 나타난 외모와 생활의 변화를 보면서 점차 긍정적으로 생각하게 되었다.

정현이는 지나친 게임 활동보다는 친구들과의 건전한 오프라인 활동, 혹은 운동이 좋다는 것을 알고는 있다. 하지만 하기 싫었고, 또 미웠다. 정현이의 사례처럼 청소년들이 왜 운동을 좋아하고 싫어하는지에 대한 실질적인 이유도 모른 채 무작정 권유하는 것은, 청소년들의 이유 없는 거부를 부를 수도 있다.

수영이는 초등학교 5학년 남자아이로, 자꾸 엄마 지갑에 손을 대고 거짓말이 늘었다는 것을 이유로 진료실에 찾아왔다. 아이는 초등학교 2학년 때 산만하고 집중을 못 한다는 교사의 말과 권유로 병원에 방문하여 ADHD 치료를 받은 적이 있으나, 아이가 약을 잘 안 먹으려 하고 아이 아버지가 약 먹는 것을 반대하여 한두 달 치료를 하다가 중단한 경험이 있었다.

수영이는 두 달 전부터 컴퓨터 게임에만 몰두했다. 학교에서 돌아오자마자 컴퓨터를 켜고는 밥도 안 먹고 밤늦게까지 게임을 하더니, 한 달 휴대폰 요금이 10만 원이 넘게 나왔다. 학교에서도 게임 잡지를 보다가 선생님에게 혼이 나고, 수업 시간에 조는 일이 잦아졌다고 한다. 화가 난 어머니가 집에 있는 컴퓨터를 치워버리자, 수영이는 본격적으로 PC방에 다니기 시작했다.

아이는 처음에는 용돈으로만 PC방 비용을 충당했는데, 점점 PC방에 있는 시간이 길어지면서 용돈이 떨어지자 어머니의 지갑에 손을 대게 되었다. PC방에서 시간을 보내다가 학교에 지각하거나, 심지어 학원과 학교를 빠지고는 교묘히 거짓말을 하는 빈도도 늘어나게 되었다. 어머니가 PC방에도 못 가게 하자 아이는 안절부절못하고 신경질적으로 변했다.

면담 시 수영이는 자신은 프로게이머가 되려고 그러는 것인데, 부모가 이해하지 못한다고 짜증을 부렸다. 맞벌이를 하는 어머니는 아이의 게임 문제를 감독하기 위해 직장을 그만두어야 하나 심각하게 고민 중이라고 했다. 아이는 면담을 하면서

이 아이의 경우 비록 초등학교 5학년이지만 돈 훔치기, 거짓말
하기, PC방 출입, 그리고 학교 생활 전반에 걸쳐 행동 문제를 보
이며 초등학교 2학년 때의 검사 결과와 유사한 ADHD 증상들이
여전히 나타나는 것을 볼 때, 당장 ADHD에 대한 치료가 필요한
상황이었다. 하지만 아이 어머니는 "게임만 그만두면 자연스럽
게 ADHD도 치료되고 아이가 좋아지지 않을까요? 그러니까 그
냥 게임만 못 하게 해주시면 돼요. 괜히 정신과 치료는 하지 마
세요"라고 말하며, 근본적인 치료는 거부했다.

아쉽게도 아이의 치료는 실패했다. 그리고 약 1년 뒤 아이는
어머니와 함께 다시 병원을 찾아와 ADHD 치료부터 실시했다.
하지만 이미 중학생에 접어든 아이에게 약물, 행동, 사회성 치료
를 하기란 어려울 뿐만 아니라 별 효과도 없었다. 정신과에 대
한 선입견 때문에 근본적인 문제를 외면해 아쉬운 결과를 낳은
경우였다.

2010년 미국 아이오와주립대학교 연구진은 하루에 두 시간
이상 게임을 한 어린아이는 전두엽이 발달되지 않아 ADHD에
걸릴 가능성이 두 배까지 증가한다고 밝혔다. 이들은 게임의 빠

른 화면 전환이 아이가 게임에만 집중하게 하는 원인이라며, 이런 아이가 학교에 가면 선생님의 수업이 지루하다고 느낄 수밖에 없다고 설명했다.

하지만 위 사례의 수영이와 같이 ADHD가 게임 중독의 원인이 된다는 것은 여러 연구들을 통해 이미 입증되었지만, 반대로 게임이 ADHD의 원인이 될 수 있다는 아이오와주립대학교 연구진들의 발표는 발달학적 병리 측면에서 볼 때 신중하게 접근해야 할 것이다.

인터넷 게임과 공격성의 관계

1992년 모탈 컴뱃Mortal Kombat 비디오게임이 미국에서 등장한 이후 폭력적인 비디오게임이 전 세계 게임 시장에서 유행했다. 그리고 1999년 4월 폭력적인 비디오게임 둠Doom에 빠진 미국 콜로라도 주 컬럼바인고등학교 학생 두 명이 학내 총기를 난사하는 사건이 벌어지면서, 폭력적인 비디오게임에서의 공격성은 실제 생활에서 공격적인 행동으로 표출될 수 있다는 우려가 널리 퍼지기 시작했다. 이어 비폭력적인 게임 역시 긴장감을 높이고 게임에서 졌을 때 분노 폭발을 초래한다는 부정적 견해도 등장했다.

온라인게임은 수동적인 텔레비전 시청과는 달리 상호작용을 기반으로 게임 이용자의 직접적 참여와 능동적 관여를 필요로 한다. 폭력적인 온라인게임은 게이머가 직접 키보드나 마우스를 가지고 행동하고 체험하는 형태이기 때문에, 그 영향력이 폭력적인 텔레비전 시청에 비해서 훨씬 더 클 것이라는 예상도 할 수 있다.

또한 온라인게임은 기존의 다른 게임과는 달리 현실에서도 게임의 영향이 지속되는 특징을 가지고 있다. 온라인게임에서의 전투는 게임 이용자들 간의 전투로 이어지며, 각각의 게임 참여자는 생존을 위해 보다 좋은 아이템과 레벨을 얻으려고 치열하게 경쟁하게 된다. 그 결과 가상의 차원을 넘어서 게임 아이템 거래를 위해 현실에서 폭력을 사용하는 문제도 생겼다. 이는 최근 이슈화되는 학내 폭력과 연관 지어지기에 이르렀다. 하지만 게임과 실제 공격성의 직접 연관성에 대한 과학적 근거가 확실치 않다는 전문가들의 견해 또한 있다.

먼저 게임이 실제 공격성에 영향을 미친다는 연구들을 살펴보자. 과학적 근거는 둘째 치더라도 흔히 부모들은 아이가 온라인게임을 하다가 지면 컴퓨터 화면을 주먹으로 내리치고, 소리를 지르는 모습을 보곤 게임이 폭력성을 유발하는 것이 틀림없다고 확신한다. 물론 몇몇 외국에서 만들어진 게임 중에는 화면만으로도 지나친 잔인성과 폭력성에 눈이 찌푸려지는 게임도 있고, 허가 및 등급 판정도 받지 않은 무분별한 게임 중에는 청소년들에게 악영향을 끼칠 수 있는 게임도 있다. 그리고 이 '나쁜' 게임들이 때로는 게임 전체를 대변하고 있는 것도 사실이다.

아이오와주립대학교의 그레이그 앤더슨Craig A. Anderson 등은 2001년, 폭력적인 비디오게임이 실생활에서 공격적인 행동 및 비행과 연관이 있으며, 이러한 관련성은 공격성을 가진 사람과 남성에게서 더 강하게 나타났고, 폭력적인 게임이 공격적인 사고와 행동을 증가시키는 경향이 있음을 확인했다고 밝혔다.

또 앤더슨 팀이 실시한 2001년 메타분석 결과, 폭력적인 비디오게임이 소아청소년, 대학생을 포함한 젊은 층들에 공공의 위협이 될 가능성이 있는 것으로 명확하게 나타났다. 폭력적 비디오게임이 실험적 비실험적 연구 결과 모두에서 성별이나 문화권을 불문하고 공격성을 증가시키고 친사회적 행동을 감소시킨다는 것이다. 더욱이 장기적 영향을 가늠하는 잣대인 공격적인 마음과 생각에 영향을 주며, 공격적 장면을 볼 때 반응하는 몸의 상태에도 영향을 미친다는 결과를 보여주었다.

위스콘신-메디슨대학교의 리처드 데이비슨Richard J. Davidson 등이 시행한 뇌 영상 연구를 보면 공격성과 관련된 뇌회로는 안와전두피질, 전대상피질, 편도체로 알려져 있다. 전두엽 내측 부위를 구성하는 전대상피질은 인지와 감정의 연결 부위로서 공격성에서 그 역할이 중요시된다. 전대상피질 부위를 더 세분화하여 살펴보면 문측전대상피질 부위는 감정적인 자극에 의해 활성화되고, 배측전대상피질은 생각적인 자극에 의해 활성화된다고 알려져 있다.

독일 본대학교University of Bonn의 크리스티안 몬테그Christian Montag

등이 2012년에 실시한 게임 장면에 따른 기능성 자기공명영상 연구를 보면, 재난, 사고, 일그러진 얼굴 표정, 공격을 당하는 사람과 같은 장면을 통해 부정적 감정을 유발시켰을 때, 게임을 자주 접한 사람들은 대조군에 비해 좌측내전두엽에서 낮은 활성을 보였다. 이에 대해 연구자들은 게임을 자주 접한 사람들은 폭력적인 장면에 자주 노출되어 불쾌한 자극이 습관화되었기 때문에, 원치 않는 기억을 억제하고 감정적 스트레스를 견디게 해주며 위험에 처한 제3자에게 공감하는 기능을 하는 뇌 부위의 활성이 떨어진다고 해석했다.

한편 게임이 공격성에 영향을 미친다는 주장에 대한 반론도 만만치 않다. 2011년 베일러대학교의 스코트 커닝햄Scott Cunningham 등이 2005년부터 2008년까지 게임의 판매량과 범죄 발생률의 관련성을 분석한 결과, 폭력적인 게임과 덜 폭력적인 게임 모두 판매량 증가가 범죄 발생률 감소와 관련이 있는 것으로 나타났다. 이는 폭력적인 성향을 가진 개개인이 게임 이용에 시간을 소비하고 게임이 대체 활동으로 작용하면서, 범죄가 실제로 일어날 기회를 감소시킨다고 해석할 수 있다.

그런가 하면 우리나라 충남대학교의 김지환의 2005년 연구 결과에 따르면, 중학생의 경우 폭력적 게임의 효과가 나타났으나 대학생들의 경우에는 높은 공격 의도를 갖고 있다 해도 폭력적 게임의 효과가 직접적으로 나타나지는 않았다. 연령 증가와 더불어 개인의 사회인지 능력이 향상되기 때문에 게임의 공격성은 공격 성향과 생각에 영향을 미치지만, 이를 행동화하지는 않는다는 것이다. 결론적으로 이야기하면, 인터넷 게임의 공격성이 성장기 소아청소년, 특히 통제받지 않는 경우에는 문제가 되지만, 대학생들의 경우에는 게임과 현실 상황을 분별하는 능력이 있기 때문에 문제가 되지 않는다는 것이다.

최근에는 뇌 영상학의 발달과 더불어 게임 자극에 의한 공격성의 증가와 이에 따른 뇌 변화를 다양한 방법으로 증명하려 하고 있으나, '공격성의 발생' 자체가 다양하고, 대부분이 단면적인 연구의 한계를 가지고 있어서 장기적인 추적 연구의 뒷받침이 필요하다.

게임의 공격성 유발 관련해서 실제 우리 치료자들이 느끼는바는 좀 다르다. 예컨대 흔히 접할 수 있는 이런 상황을 생각해보자. 아이는 '대마왕'을 죽이기 위해 한 달 동안 고생해서 이제드디어 마지막 스테이지에 접어들었다. 흥분된 마음으로 마지막단추를 누르려는 순간, 어머니가 방문을 벌컥 열고 들어오셔서'애가 또 공부 안 하고, 게임이나 하고 있다'며 소리치더니 컴퓨터 코드를 뽑아버린다. 그러자 아이가 버럭 화를 내며 어머니에게 대든다. 그러면 어머니는 역시 컴퓨터 게임은 공격성을 유발하는 것이 맞구나 하고 생각한다. 이렇게 보면 공격성을 유발하는 것은 컴퓨터 게임이 아니라, 어머니일지도 모른다.

공격성의 원인은 타고난 유전적 성향, 환경적 상황에 따라 매우 다양하다. 따라서 인터넷 게임이 인간의 공격성에 영향을 미치는지 아닌지는 이처럼 단순히 따져볼 문제가 아니다. 어떤 개인에게는 게임이 갈등 해소의 수단이 될 수 있지만, 어떤 개인에게는 게임이 공격성을 증폭시킬 수도 있는 것이다.

현재 우리나라에서 온라인게임의 영향력은 경제적, 교육적, 사회적 측면에서 실로 막대하다. 하지만 이렇게 광대한 영향력을 가진 매체에 대해 학계와 정부가 가지고 있는 생각이나 대책은 아직 초보 수준이다. 지나치게 긍정적이거나 부정적인 관점만을 부각시켜 짧은 시간 내에 빨리 문제를 해결하려는 시도만을 하고 있다.

앞으로 인터넷 게임의 폭력성에 취약한 특정군에 대한 조기 선별과 이들에 대한 체계적 관리와 치료 방안이 필요하다. 또한 실험 상황에서의 단기 연구와 더불어 이들에 대한 장기추적 연구도 필요할 것이다.

3장

인터넷 중독을 어떻게 예방할 수 있을까?

아이 탓? 부모 탓?

치료자들이 부모를 대상으로 한 인터넷 중독, 스마트폰 중독 관련 강연을 다니면서 가장 먼저, 그리고 가장 자주 듣는 질문은 단연 "그러니까 하루 몇 시간을 하면 중독이라는 말인가요?" 하는 것이다.

부모와 아이들이 컴퓨터를 놓고 실질적으로 가장 많이 싸우는 부분이 바로 '사용 시간'이라는 것은 두말할 것도 없다. 하지만 절대적인 시간을 기준으로 하루 몇 시간을 하면 중독이라고 말할 수는 없다. 몇 시간을 하든 그 시간을 통제하는 능력이 있고 없음이 중요하다.

게임에 몰입하는 현상은 게임 자체의 문제라기보다는 사용자의 문제일 가능성이 크다. 즉 같은 게임이라 할지라도 놀이 및 재미 추구의 일환으로 사용하는 사람이 있는가 하면, 중독 상태에 빠져 헤어 나오지 못하는 사람이 있다. 여기에는 여러 가지 요인이 작용할 수 있겠지만, 이번 장에서는 환경적인 부분, 특히 가정과 학교의 문제를 다루고자 한다. 가정과 학교는 중독에 영향을 미치는 요인 중 큰 부분을 차지하고 있기 때문에 대비책을 잘 세워두어야 한다.

먼저 가족 내부의 문제로는 부모님과의 관계가 중독에 큰 영향을 미친다고 볼 수 있다. 특히 불안정한 애착관계가 중독의 요인으로 작용할 수 있다. 애착이란 영아와 애착 대상인 어머니 사이에 형성되는 정서적 유대관계를 말한다. 이는 사회성 발달의 기초가 되며, 이후 아이의 지적 성장의 원동력이 되고 독립성을 기를 수 있게 해준다.

정신분석학자 볼비는 애착 대상의 민감한 양육 행동에 의해서 영아의 욕구가 충족될 때 안정된 애착을 발달시킬 수 있으며, 지나치게 과도한 자극과 반응이 거부나 무시와 같은 거절과 함께 예측 불가능하게 교차될 때 불안정한 애착이 발달한다고 설명했다. 결국 어머니가 안정된 애착 상태를 보여준다면 아이는 어머니와 멀리 떨어져 있어도 주변 환경을 탐색하고 주도적인 태도로 스스로 결정하고 행동할 수 있는 기반을 마련하게 된다.

불안정한 애착을 형성한 아이의 경우 빈번한 불안 장애 및 높은 수준의 우울 증상 등의 정신질환에 취약하다는 것은 익히 알

려진 바 있다. 또 일관되지 못한 애착을 갖은 경우에는 학교에서 자주 공격적인 행동이나 파괴적인 행동, 해리 장애, 자살 행동, 정서 장애 등을 보일 수도 있다. 전문가들은 인터넷 중독의 경우에도 동반하여 나타나는 정신과적 질환이 다양하다는 점, 특히 우울, 불안, 공격성, 충동성 등을 고려해볼 때 애착 문제가 존재할 것이라고 생각한다.

청소년기에도 애착의 과정을 거치게 되는데, 이때는 유아기 때와는 달리 조금 더 똑똑하게 애착을 형성하게 된다. 즉 부모와의 관계를 돌이켜보고, 열린 마음으로 객관성과 융통성을 가지고 재검토해볼 수 있는 능력이 생기게 된 것이다. 또 부모로부터 자신의 욕구를 충족시키려 하기보다는 좀 더 자율적인 개체로 성장하게 되는데, 이를테면 놀고 싶은 마음과 부모에게 신뢰를 주어야겠다는 생각이 조화를 이루게 된다. 물론 청소년들도 극도의 스트레스 상황에서는 도움을 요청하기 위해서 부모에게로 돌아온다.

청소년기와 유아기의 또 다른 차이점은 친구가 부모의 역할을 일부분 떠맡게 된다는 것이다. 청소년기에는 애착의 대상이 양육자로부터 또래로 옮겨져, 받기만 하던 관계가 서로 보살핌과 지지를 주고받는 관계로 이행된다. 따라서 이 시기에 애착의 대상이 옮겨가는 것을 정상적인 발달이라고 보고 그것을 인정해주며 원만한 교우관계를 유지할 수 있도록 지지해주는 것이 필요하다. 사회적 기술을 증진시키고 사회적 환경에 대한 전략을 적절히 세우게 함으로써 아이가 성장하도록 돕는 것이다.

물론 모든 자녀 문제의 원인이 부모라고 단정할 수는 없다. 하지만 자녀의 변화에 가장 많은 영향을 미치는 사람이 부모라는 사실은 인정해야 한다. 바쁜 직장일로 인해 자녀 관리에 소홀했거나 피곤하다는 이유로 자녀와의 대화 시간을 확보하지 못했다면 이것은 노력으로 충분히 극복할 수 있다. 중요한 점은 이것이 아이만의 문제도 아니고, 그렇다고 부모만의 문제도 아닌 바로 '가족의 문제'라는 것을 먼저 깨달아야 한다는 것이다.

아이가 컴퓨터를 하고 있을 때 무조건 "그만해라~ 그만해라~" 하고 입버릇처럼 말하지는 않았는지 생각해보자. 아이의 인터넷 사용 패턴이 어떠한지, 아이가 하는 게임은 무엇이고, 그 특성은 무엇인지, 사이버 세계에서 아이가 어느 정도의 수준인지 알려고 노력한 적이 있는가.

"나 어릴 때는 컴퓨터는 꿈도 못 꿨어. 집에 오면 공부해야지 게임은 무슨 게임"이냐며 컴퓨터가 보편화되지 않았던 우리 어른들 시대의 당연한 일상을 디지털 시대에 사는 아이들에게 부적절하게 강요하지는 않았는지 생각해보자. 지금 우리 아이들에게 인터넷은 공기처럼 원래부터 이 세상에 존재했던 것이고, 스마트폰은 인류와 함께 시작한 도구라고 받아들여지고 있다는 것을 알아둘 필요가 있다.

결론적으로 이야기하면, 우리가 흔히 말하는 '인터넷 중독 혹은 스마트폰 중독'에 대한 해결책은 무조건 못 하게 하는 것이 아니라, 아이들이 스스로 '조절하는 능력, 자제하는 능력'을 키우게 도와주는 것이 되어야 한다. 그러기 위해서 선행되어야 할 것은 평소에 부모와 아이가 원만한 관계를 유지하고 대화를 많이 나누는 것이다. 그리고 나서 부모가 적절한 통제와 허용의 균형을 보여준다면, 자녀도 조금씩 변화할 것이다. 아이가 부모의 말에 신뢰를 갖는 것이 아이의 자제력을 형성하는 데 첫걸음이 된다. 지금부터 내 아이에게 효과적인 방법이 무엇일지 고민해 보도록 하자.

이번에는 인터넷 중독에 영향을 줄 수 있는 환경적인 요인 중 학교 부적응의 문제를 살펴보도록 하겠다. 아이들은 학업 스트레스, 집단 따돌림, 학교 폭력 등의 문제에 부딪히게 되었을 때 쉽게 '가상-공상의 세계로 도피'하려 하는데, 그 결과가 '인터넷 중독'이라는 현상으로 나타나게 된다. 아래의 네 가지 사례를 읽어보자.

평소 배려심 많고 활발한 성격의 A군은 친구들에게 인기가 많았으며, 초등학교 4학년 때까지 성적도 상위권이었다. 잘생긴 얼굴에 성격도 좋고, 머리도 좋아서 다른 아이들과 엄마들에게 부러움도 많이 샀다. 아이는 선행 학습으로 인한 수학 영재로 여겨져 영재학원에 보내졌다. 처음에는 아이도 영재라는 말에 우쭐하기도 하고, 부모님도 아들 자랑을 동네방네 하고 다녔다. 문제는 영재학원에 다니기 시작한 일주일 뒤부터 서서히 나타났다.

자기 학습 능력이 부족한 A군은 영재학원에서 수업을 따라가지 못해 시험을 보면 50점을 넘기기가 힘들었다. 아이는 학원에 가기 전이면, 슬슬 불안해하고 이유 없는 짜증을 냈다. 초등학교 6학년이 되면서부터는 아예 학원에 안 가기 시작했다. 아이는 집에 가기 전까지 시간을 때워야 했다. 그러다 우연히 들른 PC방에서 게임을 시작하게 되었다. 곧 매일 학원에 있는 시간만큼 게임을 하게 되었는데, 이내 부모를 속인다는 죄책감마저 없어지게 되었다.

중학교 진학하여 학업 성적이 등수로 표시되면서, A군의 성적은 드디어 부모에게 객관적으로 공개되기 시작했다. 부모는 영재라고 믿고 있던 아이가 평범한 성적을 받아 오는 것을 받아들이지 못했다. 자신에게 실망하는 부모의 모습을 바라보며 아이는 공부를 더 혐오하게 되었고, 성적은 더욱 하락했으며, 게임에 더욱더 몰두하기 시작했다.

중학교 2학년이 되자 A군은 무단결석 및 무단조퇴를 했다. 친구들과 함께 담배를 피우고, 지속적으로 PC방에 다니며 게임을 하고 학교에서는 잠만 자는 생활이 반복되었다. 이후 상담을 위해 병원에도 가보고 자기주도캠프, 해병대캠프, 기타학원 등에도 보내봤으나 큰 변화 없이 성적은 하위권을 맴돌았다. 얼마 전에는 두 번이나 친구들과 타인의 스마트폰을 빼앗고 경찰에 고발당하여 부모가 변상해주기도 했으며, 이로 인해 벌점 과다로 학교 선도위원회에서 전학 권고까지 받았다.

어릴 적부터 내성적이고 조용했던 B군은 행동이 느리고 운동 능력, 순발력이 부족했다. 초등학교 시절 어머니가 학교에 방문해서 담임선생님을 만나 이야기를 들어보면 늘 자신감 부족과 소심함을 지적받았다. 초등학교 3학년 때는 반에서 왕따를 당했는데, 이후 아이는 이전보다 더 내성적으로 변하여 외톨이로 지내게 되었다. 중학교 진학 이후에도 친구관계는 회복되지 않았다. 이로 인해 혼자 게임을 하는 시간 또한 점점 늘어나게 되었다.

B군은 혼자 PC방에 가서 게임을 했고, 집에서는 게임을 제지하는 부모와 대화가 점점 없어졌다. 아이는 부모의 돈과 카드를 몰래 사용했고, 이 일로 혼나는 일이 자주 생겼다. 부모는 '차라리 친구와 같이 게임을 한다면 하게 해주겠어요. 그런데 아무도 안 만나고 혼자서만 게임을 해요'라며 답답해했다. 아이를 밖으로 내보내려는 생각으로 집에서 컴퓨터를 없앴더니, 아이가 부모에게 욕설을 하고 칼을 들고 위협하기까지 했다.

B군은 중학교 마지막 겨울방학이 되자 하루 종일 게임을 하더

니, 아프리카TV로 자신의 게임을 방송하면서 시청자들과 채팅을 하기 시작했다. 온종일 컴퓨터 앞에 앉아 있었는데, 자리에서 일어나기는커녕 화장실에도 가지 않을 정도로 심하게 집착했다. 병원에 온 부모는 아이가 게임을 그만두게 하는 것까지는 바라지도 않았다. '저 아이가 게임이라도 없으면 어떻게 삽니까? 다만 사회생활을 못 하는 것이 문제죠. 게임 중독인 것 같기도 하지만, 친구 관계를 못하는 것이 가장 큰 문제예요.'

C군은 무엇이든 잘하려는 욕심이 많은 성격으로, 공부든 게임이든 친구들과의 사소한 내기든 꼭 이기려고만 했다. 그 결과 친한 친구는 한 명도 없었다. 고등학교에 진학하여 다소 거친 학우들 틈에서 학교생활에 적응이 어려워지자 C군은 공부도 하지 않으려 했다. 고등학교 2학년 때는 뒷자리에 앉아 있던 동급생이 가만히 있는 그에게 욕설과 듣기 싫은 소리를 계속하며 괴롭힌 일이 있었는데, 이에 대해 그는 어떻게 대응해야 할지를 몰라했다. 그냥 그 순간을 피하고만 싶은 마음에 학교에 가기를 거부했다.

C군은 학교에 가지 않는 이유를 전혀 이야기하지 않다가, 부모의 다그침에 못 이겨 괴롭힘당하고 있다는 사실을 어머니에게 간신히 이야기했다. 하지만 어머니의 대답은 '남자가 그 정도도 못 참아서는 안 된다. 나중에 커서 뭐가 되려고 그러니?'였다. C군은 그냥 참아보려고도 했다. C군에게는 학교 선생님도

도움이 되지 않았다. 수업 태도가 불량하고 잦은 결석을 하는 학생에게 학교 선생님은 큰 관심이 없었기 때문이다.

이후 C군은 사람들이 자신을 이상한 눈초리로 쳐다본다거나 자신을 비웃는다는 착각에 사로잡혀 괴로움을 호소했고, 심한 의욕 저하와 허무감이 생겼다. 집에서 지내는 시간이 늘어나면서 게임을 하거나, 아프리카TV를 밤새 틀어놓고 지냈고, 가족들에게 욕을 하거나 원망을 하고, 담배를 피우면서 식사도 제대로 하지 않았다. 그리고 이를 지적하는 어머니에게 화를 내고 폭행을 행하여 가족들에 의해 강제적으로 병원에 끌려오게 되었다.

내성적인 성격으로 말수가 적고 소극적인 D군은 초등학교 때부터 게임을 즐겨 했으나, 학교생활이나 학업에는 지장이 없었다. 문제는 중학교 2학년 때 발생했다. 불량학생으로부터 돈을 빼앗기고 폭행당한 일이 있었는데, 부모님과 선생님이 이를 알고 가해 학생을 자퇴시켰고, 이후 그 학생이 방과 후에 D군을 따라다니며 폭행을 가했다. 친구들까지 이에 가담하자, D군은 친구들과 거리가 멀어지기 시작했다.

그때부터 D군은 학교생활이나 일상생활을 제대로 하지 못하게 되었다. 대신 게임 시간이 늘어났으며 학원과 학교를 빠지면서까지 게임을 했다. 부모가 이를 제지하자 화를 내기도 했다. 이에 OO병원에서 입원 치료까지 받았으나 퇴원 후 더 심

위 사례들을 보면 아이들이 여러 가지 학교 위기 상황을 경험
한 것을 알 수 있다. 아이 개인이 가진 능력으로는 감당하기 어
려운 상황에 직면한 것으로, 일반적으로는 해결하기 어려운 문
제들이다.

흔히 건강한 상태에서도 스트레스 사건에 압도당하게 되면 어
려움을 호소하는데, 하물며 개인의 낮은 에너지 수준, 민감한 기
질, 정신적인 불안정성이 더해지게 되면 문제 해결 과정에 접근
조차 어려울 것이다. 학교 부적응 문제 역시 학생 혼자 해결하기
를 믿고 기다리는 것보다는 가족들의 적극적인 참여가 문제 해
결의 성패를 좌우한다. 치료자는 아이가 가정 내에서 먼저 안정
성을 회복할 수 있도록 도와주는 것, 즉 가족 구성원에게 문제 해
결 방법을 가르치는 데 중점을 두는 것이 중요하다.

흔히 아이의 학교 부적응 상황을 맞게 되면 아이 또는 가족 전
체가 이를 인생의 큰 위협으로 인식하게 된다. 마치 아이의 인생
전체가 좌절되는 것으로 받아들인다든가, 아니면 가족의 결속력
과 안정을 해치는 것으로 받아들여서, 가족 전체가 이에 대한 무
력감과 불안감을 경험하게 되는 것이다. 이는 결과적으로 문제

를 더 키울 수도 있다.

이를 테면 학업 부진으로 인해 학교에 대한 일탈(게임에 몰입, 무단결석 등)이 반복되고, 장기결석으로 자퇴를 하고 칩거 및 은둔생활로 인해 취업 실패로 이어지는 연쇄적인 과정을 거치게 된다. 집단 따돌림의 경우에도 전학을 반복하다가 자퇴를 하게 되고 결국은 사회 부적응 양상을 보이며 게임 중독 혹은 은둔형 외톨이의 상태로 전락하는 일도 심심치 않게 볼 수 있다.

다시 한 번 기억해두어야 할 것은 인터넷 중독이 인터넷 게임 자체에서 기인한 문제라기보다는 부정적인 환경 요인의 영향을 받고 있는 사용자, 즉 취약한 사람의 문제라는 점이다. 아이들이 전문 의료기관의 도움을 받는 상황에 이르기 전에, 학교 부적응의 문제를 조기에 파악하여 위기 중재를 시도한다면, 인터넷으로 도피하는 일을 줄일 수 있을 것이다.

가정에서 할 수 있는 예방법

인터넷 중독의 치료에 있어서 우리 부모들이 할 수 있는 것은 바로 '가족관계의 회복 및 강화'다. 가족관계가 자기조절 능력, 중독 행동과 관련이 있다는 연구 결과는 이미 여러 차례 발표된 바 있다. 청소년기 인터넷 중독의 위험성이 높은 경우는 부모가 자녀를 주의 깊게 관찰하지 않았을 때, 부모와 자녀 간 갈등이 클 때, 자녀가 부모로부터 거절과 비난을 받는 느낌이 클 때 등이 있다. 또한 자녀의 나이가 어릴수록 부모와 자녀 간의 긍정적인 관계가 인터넷 중독을 예방할 가능성이 높다고 보고되고 있다.

여러 번 강조했지만 부모와 자녀 간에 긍정적인 의사소통 시간을 충분히 갖고, 부모가 자녀에게 보다 세심한 관심을 보이며,

가족 간에 적대적이지 않은 원만한 관계를 유지하는 것이 무엇보다 중요하다. 이런 관계가 형성된 이후에 부모가 인터넷 사용에 대한 명확한 한계를 제시했을 때 자녀들이 거부감 없이 따를 수 있는 것이다. 가정에서는 인터넷 사용 기준을 다음과 같이 정해볼 수 있다.

첫째 컴퓨터를 항상 켜놓지 말고 필요 시 인터넷에 접속하게 한다. 특히 컴퓨터를 켜고 끄는 시간을 명확히 정해놓고 사용하면 좋다. 예를 들면 '하교 직후 1시간, 저녁 식사 후 1시간' 이런 식으로 일정 사용 시간을 제시하는 것이 '하루 2시간'보다 시간 통제력을 갖게 하는 효율적인 방법이 될 수 있다. 또 자발적인 노력의 일환으로 아이 스스로 인터넷 사용 일지를 적어보게 하는 것도 좋은 방법이다.

둘째 가급적 공개된 장소에서 인터넷을 하고 방으로 들어갈 수 있게 한다. 방은 잠을 자거나 공부를 하는 공간이지, 고립된 채로 무한정 인터넷을 하는 공간이 아니라는 것을 환경 조성을 통해서 알려줄 수 있다. 특히 거실에서 공용으로 사용하는 컴퓨터로만 인터넷 게임을 할 수 있게 하면, 정해진 시간을 지키고 나머지 자유시간에는 방에서 다른 것을 하도록 유도할 수 있어서 혼자 게임하는 시간을 줄일 수 있다.

셋째 인터넷 게임을 대체할 수 있는 여가 활동을 규칙적으로 하게 한다. 가장 권장하는 항목은 역시 운동이다. 몸을 다채롭게 움직이고 산소 공급이 원활한 활동을 할수록 뇌 건강이 좋아진다는 것은 익히 알려져 있는 사실이다. 종목에 관계없이 일주일에 2회 이상 규칙적으로 운동 일정을 넣을 것을 추천한다. 또 가족이나 친구들과 함께할 수 있는 놀이를 찾는 것도 좋다. 특히 아버지가 놀이 친구가 되어주는 관계는 정서적인 안정과 상호 신뢰를 높여주는 촉매제 역할을 한다.

아울러 인터넷 중독과 더불어 최근 큰 문제가 되고 있는 스마트폰 중독에 대한 예방법도 소개해본다. 스마트폰이 대중화된 요즘, 대체 누가 이런 걸 만들어서 힘들게 하는 건지 자녀와 힘겨루기를 해본 부모라면 당장 스마트폰을 부숴버릴지, 아예 성인이 되기 전까지 사주지 말고 원시인으로 남겨둘지, 한번쯤은 고민해봤을 것이다. 무조건 사용하지 못하게 하는 것은 답이 아니다. 준비된 부모가 자녀들에게 준비된 스마트폰을 건네줄 수 있다. 스마트폰 중독 역시 인터넷 중독과 마찬가지로 충동에 대한 '조절력을 키워주는 것'을 목표로 하는 게 좋다.

대한소아청소년정신의학회는 영유아 부모에게 2세 이전에는 미디어 화면 노출을 피할 것을 당부하고 있다. 대화와 비언어적인 의사소통을 바탕으로 한 사회성의 함양이 무엇보다도 중요한 시기에, 손끝으로 터치만 하면 튀어나오는 미디어에 과도하게 노출되는 것은 뇌의 발달을 지연시킬 수 있다. 대인 상호작용을 통해 배워야 할 부분들을 미디어가 대신 해줄 거라고 생각해서는 안 된다.

그럼에도 불구하고 만약 미디어를 통해 학습해야 한다면, 부모는 무엇을 보게 할지, 어떻게 관리할지 계획이 머릿속에 먼저 서 있어야 한다. 그런 다음 자녀들에게 필요한 것만 교육시키도록 하자.

또한 아이를 미디어에 노출시킬 때는 아이 혼자보다는 부모 또는 형제와 함께 하도록 한다. 부모가 함께 적극적으로 놀아주지 못하더라도 근처에 있는 것이 안정적인 애착을 형성케 하여 주변 환경을 탐색하고 주도적인 행동을 하도록 도울 수 있다.

다음으로 학령기 아동 청소년의 경우에는 미디어 화면을 보고 노는 시간을 1~2시간 이내로 제한하도록 역시 대한소아청소년정신의학회는 권하고 있다. 또 잠자는 방에서는 스마트폰을 보지 않는 것을 원칙으로 하고, 자기 전에 스마트폰을 확인했다면 거실에 두고 침실로 들어가게 할 것을 권한다.

보통 우리 부모들도 무의식적으로 스마트폰을 통해 식사나 수면 전에 통화, 문자, 인터넷, SNS를 하게 되는데, 자녀들 앞에서는 분명한 원칙을 바탕으로 스마트폰을 사용하는 모습을 보여주어야 한다. 흔히 '스마트폰 할 시간에 숙제나 해라'라는 잔소리를 하기 마련인데, 공부를 강요하기보다는 차라리 스마트폰을 대신해 쉬거나 놀 수 있는 방법을 함께 고민하고 그것에 습관을 들이도록 하는 것이 좋다. 아이의 뇌가 성장하고 기억력 회로가 튼튼해지려면 잘 쉬는 것이 무엇보다 중요하다.

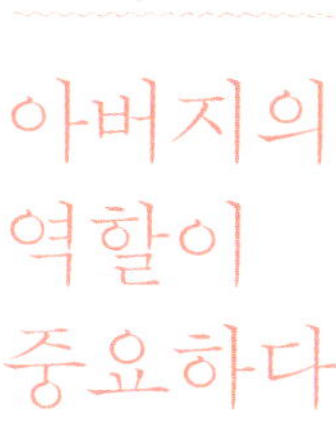

아버지의 역할이 중요하다

자녀의 문제로 학교나 병원을 찾는 부모의 90퍼센트는 어머니다. 대부분의 아버지들은 아이와 놀아줄 시간이 없다면서 주말에는 하루 종일 누워서 텔레비전만 본다. 전통적으로 아버지들은 자녀들이 잘하는 행동은 당연한 것으로 여기고, 잘못하는 행동에는 회초리를 드는 등 겁주는 역할을 주로 해왔다.

하지만 최근 들어 아버지가 자녀들과 함께 캠핑을 가거나 일일 엄마가 되어주는 프로그램이 방송되는 것을 보면, 아버지의 역할이 달라지고 있다. 그렇다. 아버지도 자녀들과 친구가 되어줄 수 있는 것이다. 항상 잘못을 꾸짖기만 하던 아버지가 자녀의 '인터넷 중독'을 함께 치료해나가는 조력자가 되는 방법을 알아보도록 하자.

첫째 인터넷 중독이라는 행위의 결과보다는 그 '원인'을 알려고 노력하는 자세가 필요하다. 인터넷 중독이 잘못된 결과이며 현실 도피적 행동이라는 것은 당사자인 아이도 알고 있다. 하지만 그 사실을 아버지에게 확인받고 싶어 하는 아이는 없다. 아버지에게는 형사나 처벌자가 아닌 치료자의 자세가 요구된다.

먼저 왜 이런 상태에 빠지게 되었는지, 학교 혹은 가정에서 무슨 일이 있었던 것인지 아이의 말을 들어보아야 한다. 설사 자녀의 논리가 자기중심적이고 또 거짓이 눈에 보인다 할지라도 말을 중간에 끊지 말고 일단 들어보라. 아이의 이야기를 다 들어준 뒤 마지막에 '그렇지만 아버지의 생각은 이렇다'고 얘기한다면 대화가 한결 수월해질 것이다.

둘째 잘못된 행동에는 무반응, 잘한 행동에는 반드시 칭찬과 관심의 반응을 보이도록 한다. 아버지 눈에는 자녀의 부족한 면, 즉 단점이 보이기 마련이다. 하지만 단점을 계속 지적하는 것은 아버지와 자녀 사이 갈등의 골만 더 깊어지게 한다.

특히 '내가 학교 다닐 때는 이건 걱정거리도 아니었어'와 같은 비아냥거리는 듯한 말은 자녀와 벽을 쌓는 지름길이다. 버릇처럼 칭찬거리를 찾도록 노력하라. 장점의 극대화로 자녀의 자신감을 길러주자.

셋째 자질구레한 지적은 과감히 버리고 구체적 문제행동 한두 가지에 집중해야 한다. 지적 사항을 한꺼번에 리포트 쓰듯이 줄줄 나열하는 것은 옳지 않다. 아버지 자신의 머릿속은 깔끔하게 정리되는 느낌이 들 수 있겠으나, 자녀의 머릿속에는 그 내용이 다 엉겨 붙어서 결과적으로 '잔소리'라는 큰 산이 형성된다.

자녀들은 이런 듣기 싫은 소리에 날카롭고 예민하게 반응하게 되고, 아버지들은 이렇게 반항하는 아이들에게 심지어 매질까지 하게 되는 상황에 이른다. 지적과 잔소리는 다르다. 정말 이야기하고 싶은 것 하나만 지적하는 습관을 기르자.

넷째 아버지도 자녀가 바라는 것 혹은 자녀의 지적 사항을 수용할 줄 알아야 한다. 아버지가 스스로 변화하려고 노력하고 그 결과를 보여줄 때, 자녀는 그 모습을 존경하고 따라하게 된다. 밖에서는 자신의 일에 충실하고, 가정에서는 자녀들의 놀이친구로서 가까이 다가간다면 자녀들에게 좋은 귀감이 될 것이다.

기왕이면 아이들이 원하는 아버지의 모습을 보여주도록 하자. 집안 분위기도 띄우고, 가족 행사도 만들어보자. 변화한 아버지의 모습에 자녀들이 감동받을 때까지.

다섯째 인터넷 중독 문제가 당장에 해결될 거라는 생각은 버리도록 한다. 인생을 마라톤에 비유하듯이, 모든 문제의 해결에는 그만큼의 노력과 시간이 필요하다. 아버지의 한마디에 게임을 그만둘 아이였다면 아마 '중독'의 상태까지 가지는 않았을 것이다. 복잡한 이유로 인해 시작되었고, 그 결과 심각한 중독 문제가 야기된 것이다.

자녀의 '인터넷 중독' 문제뿐만 아니라, 일그러진 우리의 가정상을 회복해나가는 데는 가족 상담 치료가 많은 도움이 된다. 부모와 자녀의 관계가 회복되면 치료의 효과는 극대화된다. 함께 해결하고 함께 치료받아야 한다. 자녀가 걷고 있는 고통의 통로를 함께 건너가자고 손 내미는 아버지가 되어야 한다.

‘인터넷’의 의미는 부모와 아이들 사이에서 다르게 정의되고 있다. 우리 부모들에게 인터넷은 아날로그에서 디지털 시대로 넘어가는 과정에 생긴 일종의 도구로, 생활의 편의를 위해 만들어진 것이기에 필요 시 사용하고 가급적 꺼놓는 것이 습관이 되어 있다. 하지만 아이들에게 인터넷이란 태초부터 존재했으며, 언제 어디서나 접속이 가능하며 원하는 모든 것을 찾을 수 있는 필수 불가결한 공간의 개념으로 받아들여지고 있다.

때문에 아이들의 인터넷 사용 방식이 부모들과 다르다고 하여 항상 문제라고 할 수는 없다. 하지만 과도한 인터넷 사용은 아이들의 교육과 정서발달에 치명적인 악영향을 줄 수 있으므로 경계해야 하는 것이 사실이다. 서로 다른 잣대를 가지고 인터넷 세계에 맞서는 부모와 아이들에게, 싸우기에 앞서 먼저 알아두어야 할 인터넷 사용 팁을 몇 가지 소개하고자 한다. 이것이 훈련이 되면 싸울 일도 없다.

먼저 컴퓨터를 거실과 같은 공개된 공간에 배치하고, 아이가 인터넷 사용을 시작하고 30분에 한 번씩은 꼭 쉬는 시간을 갖도록 한다. 그리고 올바른 자세로 조명 아래에서 컴퓨터를 사용하는지 점검한다.

아이가 컴퓨터로 무엇을 했는지, 어떤 자료가 남아 있는지, 혹시 불법 CD가 있는지 등을 주기적으로 체크하고, 개인정보 유출에 대한 경각심을 심어준다. 가급적 가명이나 아이디를 사용하도록 하고, 자신의 사진이나 프로필을 인터넷에 올리지 않도록 한다. 이는 아이가 놀이터에서 모르는 사람을 만났을 때 자신의 신상을 밝힘으로써 위험에 노출되는 것을 방지하기 위한 훈련을 하는 것과 동일하게 교육되어야 한다.

또 인터넷을 통해 알게 된 사람에 대해서 부모에게 알리고, 부모의 허락 없이 만나지 않도록 한다. 특히 불법, 성인 사이트 접속을 통해 실제 만남이 진행되는 경우도 종종 있으므로, 인터넷 유해 정보 차단 프로그램을 설치하도록 한다. 차단이 불가능할 경우 아이가 이상한 사이트에 접속하거나, 의심적은 전자우편을 받으면 부모에게 알리도록 교육시킨다. 수상한 곳에서 파일을 다운받지 않도록 하고, 부모 허락 없이 물품을 주문하지 않도록 해야 한다. 또 부모는 신용카드 번호를 잘 관리해야 한다.

마지막으로 채팅을 할 때는 욕을 하거나, 남의 흉을 보지 않도록 교육시킨다. 서로의 얼굴이 보이지 않는 인터넷 채팅 공간에서는 익명성을 악용하여 예절과 관습을 무시한 채 상대방을 고려하지 않고 무자비하게 욕설을 하거나 소위 '패드립'을 하거나 왕따를 시키는 행위로 실제 피해자가 생길 수도 있다. 인터넷 공간에서도 인간의 상호관계가 중요함을 교육을 통해 아이에게 인식시킬 필요가 있다.

4장

그럼 치료는
어떻게 하나요?

어떤 경우에 병원에 가야 하나요?

인터넷 중독의 문제는 게임 자체의 문제라기보다는 사용자의 문제일 가능성이 크다. 가족 내부의 문제, 불안정한 애착, 관리 소홀, 의사소통의 부재 등의 결과이기도 하고, 학교 부적응, 예컨대 학업 스트레스, 따돌림, 학교폭력, 등교 거부 등의 결과이기도 하다. 여러 번 강조했지만 인터넷 게임에 의존하는 것은 바로 이런 문제에 대한 가상 세계로의 도피 행동일 수 있기 때문에 반드시 치료가 필요하다.

청소년기 정신건강에 나타난 문제를 해결하기 위해서는 치료의 목표를 단순한 행동의 교정에 두는 것이 아니라, 올바른 청소년 발달과제를 성취하게 하여 정상 성인으로의 성장을 돕는 데

두어야 한다. 이를 위해서는 중독 분야에 관심이 있는 소아청소년 정신건강 전문가의 도움이 필요하다.

인터넷 중독 상태를 치료하기 위해서는 개인별 맞춤형 통합적 관점에서 접근해야 한다. 게임 자체의 순기능과 역기능을 동시에 고려하면서 게임의 순기능을 치료적 도구로 사용한다면 청소년을 이해하고 그들의 문화를 활용하는 치료라고도 볼 수 있다. 또한 중독 상태에 대한 개인적 측면과 사회 환경적 측면을 동시에 고려해야 한다. 더불어 생물학적인 접근과 심리사회적인 접근이 동반된 전인적인 치료를 해나가야 한다.

가장 낮은 단계의 접근은 인터넷 중독에 대한 인식을 재고시

통합적 단계별 치료 연계 시스템 구축

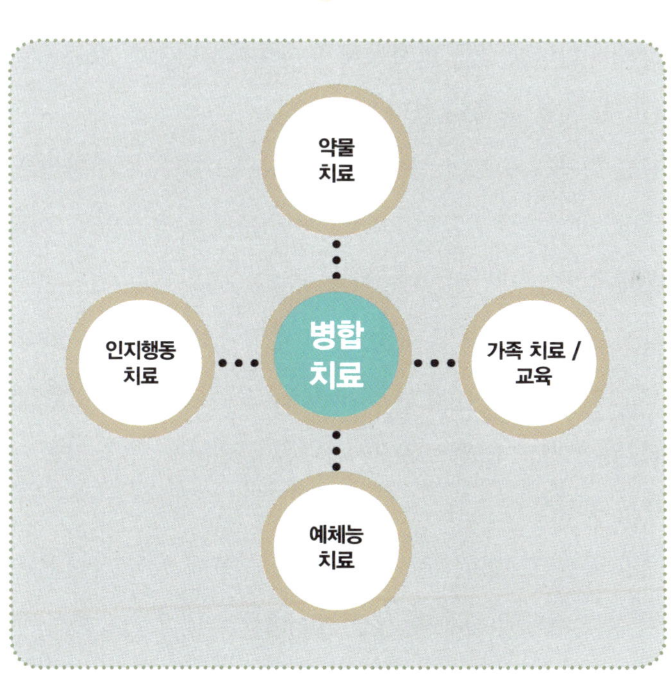
선택 변인
• 타고난 생물학적 변인
• 치료 동기 여부
• 가족 갈등 여부
• 공존 질환 동반 여부

치료의 형태
• 외래 치료
• 입원 치료(개방병동, 폐쇄병동)

약물
치료
인지행동
치료
병합
치료
가족 치료 /
교육
예체능
치료

키는 것이다. 청소년, 부모, 교사를 대상으로 인터넷 중독 예방 교육을 하고 게임의 순기능과 역기능에 대한 변별력을 증진시키도록 한다. 그다음 단계는 인터넷 중독의 조기 발견 및 상담이다. 선별검사를 시행하여 심각도를 판별할 수 있고, 잠재적인 인터넷 중독 대상자 및 그의 가족을 찾아 상담을 진행할 수 있다.

이어지는 단계는 중등도中等度 이상의 인터넷 중독의 치료이다. 의료인과 심리사, 사회사업가가 협력하여 공존 질환 및 심리사회적인 제반 사항에 대한 통합적 접근을 할 수 있다. 마지막으로 제시할 수 있는 단계는 게임의 순기능을 활용한 새로운 프로그램의 개발 및 적용이다. 진단, 치료 프로그램으로 기능성 게임을 개발하여 인터넷 중독 환자들에게 적용시켜 치료의 효과를 극대화시키는 것을 목표로 한다.

진료 현장에서 보면 상담을 위해 병원을 찾은 청소년들은 대개 경도 내지는 중등도의 인터넷 중독 문제를 갖고 있다. 따라서 이들에게 맞는 개인별 맞춤 치료 전략을 세울 때는 게임 중독의 심각도, 주로 하는 게임 유형, 동반 정신과적 질환의 유무, 가족의 지지체계, 가족 간 갈등 정도 등을 고려하여 예방 상담 프로그램, 외래 치료, 입원 치료 중 하나를 선택하게 되며, 약물 투여 여부도 결정하게 된다.

예방 상담 프로그램은 인터넷 게임 이용에 있어 잠재적 위험군 내지는 경도의 증상을 가진 청소년들을 대상으로 하며, 현재의 자신의 게임 습관을 파악하고 문제의식을 가지고 변화를 시도하도록 교육하는 것을 주목적으로 한다. 인터넷 접속 시간을 계산하여 요일별 시간별 스케줄을 정해놓고 스스로 약속을 지키게 함으로써 시간 관리 기법을 익히게 한다.

과도한 게임으로 인해 가정에서의 불화가 있다면 가족 단위의 교육을 시행할 수 있으며, 자녀의 인터넷 중독의 문제성을 인식하고 가족이 함께 활동하는 시간을 늘려나가는 것도 좋은 해결 방법이 될 수 있다.

그리고 인터넷 중독에 따른 수면 패턴의 변화, 일상생활에의 소홀함, 거짓말, 흥미의 상실, 대인관계의 축소 등이 관찰된다면 치료자는 습관에 변화를 주도록 권유하고 가족의 도움을 구할 수 있다. 마지막으로 부모 자녀 간 대화법, 약속 지키기, 적정한 보상의 설정 등을 통하여 부모와 자녀 간의 의사소통 문제를 해결한다면 인터넷 중독이 악화되는 것을 막을 수 있는 좋은 기회가 될 것이다.

중등도 이상의 고위험군으로 판단되는 청소년들은 병원에서 치료를 권유하고 각 상황에 맞는 치료 전략을 짜게 된다. 크게 외래 기반 치료와 입원 치료로 나눌 수 있는데, 입원 치료의 경우에는 심각한 영양 불균형이 발생했거나, 심각한 폭력 행위나 재산 파괴를 초래하는 공격적 충동을 저지하지 못할 때 고려될 수 있다. 혹은 주요 우울 장애, 양극성 장애, 강박 장애나 반사회성 인격 장애와 같은 공존 질환의 효율적인 치료를 위해서도 고려될 수 있다. 치료의 내용은 다음과 같이 분류할 수 있다.

가장 흔히 알려지고 그 효과가 입증된 집단 치료는 '인지행동 치료' 모델을 사용하고 있다. 도박 중독과 알코올 중독의 인지행동 치료 프로그램을 기초로 한 프로그램이나 현실 치료 이론에 기반한 프로그램 등이 있다. 이들 프로그램을 시행한 결과, 인터넷의 사용 시간과 갈망이 줄어들 뿐만 아니라 자존감과 자아 능력이 향상되었다고 보고되고 있다. 국내에서 시행되고 있는 여러 형식의 인지행동 치료는 뒤에서 자세히 소개하도록 하겠다.

가족 치료

인터넷 중독의 치료 과정에서 가족 간의 관계를 회복하고 치유하는 일은 매우 중요한 일이다. 특히 청소년의 공격성, 가족 간 의사소통의 부재 등은 게임 중독의 위험성을 높인다. 그래서 치료는 가족 교육의 형태나 가족 치료의 형태로 이루어지는 경우가 많다.

먼저 치료자는 가족의 건강한 의사소통 여부를 평가하고, 문제점을 파악한 뒤 단기 목표를 설정한다. 부모와 자녀의 심리적 거리감을 좁히기 위하여 가족이 함께할 수 있는 대안 활동을 찾아 실제로 시간을 정하여 실천해보게 하고 피드백을 받는다. 또한 중간에 부모와 자녀 간에 일어날 수 있는 크고 작은 갈등을 소재로 하여 그 해결 기술을 익혀 실습해보도록 하고 갈등을 해결할 수 있다는 자신감을 심어주도록 한다. 마지막으로 새로운 규칙을 수립하여 약속을 잘 이행할 것을 선언하고 회기를 마치게 된다. 다음은 인터넷 중독 고위험군의 가족 치료 사례다.

고등학교 1학년 여자아이와 부모가 토요일 진료 마지막 시간에 헐레벌떡이며 진료실로 들어왔다. 그러면서 다짜고짜 시간이 없으니 빨리 검사하고 치료를 해달라고 했다. 정말 어렵게 시간을 빼서 병원에 예약하고 오게 되었으니, 오늘 하루에 검사와 진료를 다 끝내야 한다는 것이었다. 간단한 기초적인 진료와 검사야 오늘 할 수 있지만 구체적인 검사들은 예약 후 몇 번 더 방문해야 할 수 있다는 치료자의 말에 아이는 매우 난색을 표했다.

아이는 학교에 다녀온 뒤 새벽 두세 시까지 인터넷을 한다고 했다. 게임은 그리 많이 하지 않지만, 웹툰도 보고, 영화나 드라마도 다운로드해서 본다는 것이다. 특히 컴퓨터를 통해 캐릭터를 꾸미는 것은 자신의 주특기로 한번 빠지면 어느새 새벽 두세 시가 된다고 했다.

이런 일이 반복되니까 아침 6시에 일어나서 학교에 간다는 것이 체력적으로 여간 힘든 일이 아니었다. 그래서 때로는 학교 간다고 거짓말을 하고 주변 공원 벤치에서 졸다가 뒤늦게 학교에 가거나, 아니면 아예 PC방에 가서 게임을 하고, 잠도 자다가, 식사도 하는 식으로 밤에 쌓인 피로를 푸는 생활을 했다.

아이의 아버지는 밤에 근무하는 직업으로 오후 6시에 출근하여 새벽 4시쯤 퇴근한다. 어머니는 새벽 4시에 출근하여 오후 2시에 일이 끝난다. 아버지는 퇴근 후 부족한 잠을 보충하기 위해 아침 내내 잠을 자야 하고 어머니는 초저녁에 잠이 들어야 새벽일을 나갈 수 있었다. 이들 부모는 아이가 어렸을 때부터 이와 같은 생활 패턴이었고, 아이는 다섯 살 때까지 외할머니 손에서 자란 뒤 여섯 살 때부터 부모와 같이 살고 있었다.

피아노학원이나 미술학원을 몇 번 다니기는 했지만 도통 소질이 없었고, 또 자신이 기껏 배우고 익힌 것을 부모에게 자랑하려 해도, 자고 있거나 피곤에 지쳐 있는 부모의 반응은 시큰둥한 것이어서 아이는 더 이상 흥미를 느끼지 못했다. 아이는 혼자 지낼 때 다른 놀이나 대안 활동은 거의 경험해보지 못했다. 유일하게 재미를 붙인 것이 컴퓨터와 인터넷이었다.

우연히 시작된 온라인게임에서 채팅을 통해 접한 다른 사람들의 칭찬이 아이에게 상당한 즐거움을 안겨주었던 것이다. 밤새워 자신이 만들어놓은 '캐릭터'를 인터넷 개인 블로그에 올렸을 때 다른 유저들의 댓글이 줄을 이었고, 심지어 몇몇 SNS 팔로워는 후원 비용까지 보내주었다. 부모는 일단 아이가 밤새워 캐릭터를 만들고 다른 사람과 채팅하는 것을 멈춰야 한다고 했고, 아이는 캐릭터를 만드는 것을 절대로 그만둘 수 없다

아이는 표면적으로는 양육자의 보호를 받지 않은 적이 한 번도 없다. 지금도 집에 항상 부모 중 한 사람이 아이와 같이 상주한다. 하지만 실질적으로는 여섯 살 때부터 혼자 지냈다고 볼 수 있다.

세 번의 지속적인 병원 방문 끝에, 아이의 어머니는 굳은 결심을 하고 직장을 그만두었다. 하지만 어머니는 자신이 아이에게 무엇을 해주어야 하는지 잘 모르고 있었다. 그래서 치료자는 아이와 어머니에게 서로 바라는 것 중 매일 할 수 있는 가장 쉽고 편한 것을 한 가지씩 해보게 했다. 아이는 어머니가 자신이 캐릭터 만드는 것을 방해하지 않고 함께 요리를 했으면 좋겠다고 했고, 어머니는 아이가 컴퓨터 사용을 안 하고 자신과 같이 배드민턴을 쳤으면 좋겠다고 했다.

치료자는 아이에게 캐릭터를 만들되 온라인이 아닌 오프라인에서 만들고, 어머니와 아버지가 그것을 평가하도록 했고, 컴퓨터를 가장 많이 하는 시간인 밤 9시에서 10시 사이에 공원 불빛 아래서 같이 배드민턴을 칠 것을 제안했다. 또 서로에게 필요한 말과 상대방의 마음을 알아차리는 성숙한 방법을 가족 상담을 통해 지속적으로 배워나가게 했다.

이후 어머니와 아이 사이에는 놀랍도록 대화가 많아졌다. 특히 아이가 만든 캐릭터를 평가하는 과정에서 칭찬이 오갔다. 또

배드민턴을 치는 과정에서 서로를 배려하게 되었다. 아이의 저녁 인터넷 사용 시간은 확연하게 줄어들었고, 일찍 잠자리에 든 아이는 아침에 쉽게 일어나게 되었다. 아이가 만들어내는 캐릭터는 결국 칭찬받고자 하는 자신의 모습이었다. 문제의 온상으로 보였던 캐릭터가 아이와 부모 사이 대화와 칭찬의 소재가 된 것이다.

모든 부모가 위 경우처럼 직장을 그만두고 아이에게 매달리기란 현실적으로 쉽지 않다. 하지만 아이가 가지고 있는 강점과 대화의 소재로 사용될 수 있는 것이 무엇인지를 파악하고 이를 적극 이용하려는 시도는 꼭 필요하다. 병원이나 상담센터에서 인위적으로 만든 프로그램도 좋지만 가족 내에서 이루어질 수 있는 실질적인 가족 치료는 서로에 대한 희생과 관심일 것이다.

약물 치료

현재 인터넷 중독의 약물 치료에 대해서 확증된 자료는 거의 없다. 다만 현재까지는 항우울제인 에스시탈로프람^{escitalopram}과 부프로피온^{bupropion}이 효과가 있다고 알려져 있다. 그 밖의 일부 임상 상황에서, 특히 사이버 섹스 중독 환자들에게 선택적 세로토닌 재흡수 억제제^{selective serotonin reuptake inhibitor}를 사용했을 때 효과가 있었다는 보고가 있다.

또한 미국 유타대학교와 중앙대학교의 공동 연구에서는 부프로피온이 인터넷 사용 시간을 줄였으며 갈망을 억제하는 데에도 효과가 있는 것으로 알려졌다. 기능성 자기공명영상 촬영에서도 게임 자극 시, 배측전두엽의 활성화에 변화를 주었음을 나타났다. 하지만 일부 과도한 인터넷 사용자들 중 조울병 환자들이 잠재되어 있기 때문에 항우울제를 사용할 때는 주의가 필요하다.

기타 비생물학적 치료

최근에는 인터넷 중독 치료법의 일환으로 '기숙형 치료 프로그램'도 등장하고 있다. 2014년 설립된 국립청소년드림마을은 여자 청소년들을 대상으로 7박 8일간의 합숙 프로그램을 진행하고 있다. 네일아트, 스토리북 만들기, 부모와 함께하는 가족운동회 등의 다양한 체험활동과 수련활동 등을 제공한다. 이런 과정을 통해 청소년 스스로 인터넷과 스마트폰을 조절할 수 있게 한다. 프로그램 종료 후에는 3~6개월간 청소년 동반자와 멘토 등을 통해 치료 효과가 지속되도록 지원한다. 아직은 충분한 효과를 검증할 만큼 시행되지 않았지만 관심도와 참여도가 높아 인터넷 중독 치료의 새로운 대안으로 주목받고 있다.

다음 사례를 살펴보자.

고등학교 2년인 L군은 어머니에게 끌려오다시피 하여 병원에
왔다. 진료실 밖에서 대기 중인 상황에서도 두 사람 사이에서
는 고성이 오갔다. 진료실에 앉은 L군과 옆에 앉은 어머니 간
에 침묵과 긴장이 감돌았다. 병원에 오게 된 사연은 이러했다.
지난밤 L군이 밤늦게까지 게임을 하자 어머니가 몇 번의 경고
를 주다 참다못한 나머지 코드를 확 뽑아버렸다. 이에 흥분한
L군이 주먹으로 벽을 치고 물건을 던지며 어머니에게 욕을 하
고 주먹까지 휘둘렀다. 그러자 화가 난 어머니가 신고하여 경

찰이 집으로 출동하는 일까지 벌어졌다. 이런 일은 전에도 몇 번 있었다고 한다.

그런데 치료자가 질문을 시작하자 이상한 일이 벌어졌다. L군에게 질문을 하면 대답 중에 어머니가 말을 가로채선 아이가 거짓말을 하고 있다며 말을 끊고, 반대로 어머니에게 질문하면 대답 도중에 아이가 내가 언제 그랬느냐며 의자에서 벌떡 일어나 진료실 밖으로 나가려 한 것이다.

치료자는 L군과 어머니를 동시에 진료하는 것이 불가능하다고 판단하고 우선 어머니를 진료실 밖으로 나가게 하고 아이와 면담을 시작했다. 진료실에서 L군은 다른 아이들도 게임을 이 정도는 하는데 왜 자기 어머니만 유난을 떠는지 모르겠다고 울상이었다. 자신에게 별로 관심도 없으면서 항상 결정적 순간에 코드를 빼버리고 게임 중독만 걱정한다는 것이었다. 그냥 내버려두면 자신이 다 알아서 하는데 왜 그러는지 모르겠다고 하소연했다. 하지만 L군 자신도 게임에 빠지고부터 성적도 떨어지고, 지각도 자꾸 하고 학교에서는 잠만 자게 되어 대학에 갈 수나 있을지 걱정이라는 이야기를 덧붙였다.

다음으로 아이를 내보내고 어머니를 불러 면담을 진행했다. 이혼 후 직장에 다니는 어머니는 자식만 바라보고 사는데 아이가 게임에 빠진 후 성격도 거칠어지고 거짓말이 늘고 성적도 떨어져, 매일 게임 문제로 전쟁을 치른다고 했다. 오죽했으면 경찰에 신고하고 병원까지 찾아왔겠느냐고 하소연했다. 치료자가 보기에 이 어머니는 걱정이 많고 매우 급한 성격으로 갈등 상황에서 아이를 진정시키기보다는 불난 집에 휘발유를 끼얹는 식으로 대처를 하는 것 같았다.

치료자는 먼저 어머니에게 말했다. 아이가 치료를 받으려면 자발적으로 병원에 와야 하니, 오늘은 어머님 위주로 어머님이 고쳐야 할 사항을 중점적으로 지적할 테니 양해하시라는 것이었다.

이어서 아이와 어머니를 동시에 불러 다시 면담을 시작했다. 아이가 말을 할 때 어머니가 치고 들어오면, 치료자는 바로 이 점이 어머니가 고쳐야 될 점이라고 지적했다. 그러면서 우선 어머니는 아이가 어머니 간섭 없이 내버려두면 어떻게 변하는지 관찰만 하고 전에 안 보이던 좋은 행동이 눈에 띄면 칭찬을 해주라고 했다.

아이에게는 인터넷 중독 정도가 어느 정도인지, 무엇이 문제인지를 알아보는 설문지를 줄 테니 집에 가서 다음 시간까지 해오고, 필요하면 추후 심리검사도 할 수 있다고 했다. 물론 어머니도 문제가 있는지 검사할 거라는 말을 덧붙였다. 그러자 면담 초기 보였던 모자 간 언쟁은 사라지고 아이도 치료에 수긍하는 눈치를 보였다.

이런 상황은 첫 면담에서 흔히 있는 일이다. 치료자는 부모와 아이 사이에서 중재 역할을 해야 하고, 객관적 정보를 얻어 부모와 아이의 핵심 문제가 무엇인지를 파악해야 한다. 또 동시에 환자로 하여금 치료에 동기를 부여해야 하는 등 다양한 작업을 해야 한다. 이처럼 첫 면담 자체가 치료의 시작이다. 첫 면담의 분위기에 따라 후속 평가 작업과 원만한 치료 진행 여부가 결정되는 것이다.

초기에
반드시 파악해야 하는
사항들

인터넷 중독을 진단하고 평가하기 위해서는 컴퓨터나 인터넷 사용 패턴 및 시간 등을 포함하여 이로 인한 생활에서의 지장 및 기능 저하, 동반 정신질환의 유무 및 내용, 가족 및 학교 생활과 또래관계 등의 정보 수집이 기본적으로 이루어져야 한다. 이를 위해서는 개별적인 일대일 면담이 반드시 이루어져야 한다. 아동 혹은 청소년과 직접 면담이 이루어져야 하며, 동시에 부모와도 면담이 시행되어야 한다.

면담이 끝나고 나면 인터넷 중독 진단을 도울 수 있는 척도를 사용하여 환자의 수준을 파악한다. 이때 중독 선별검사에만 해당하는 척도 평가뿐만 아니라, 공존 질환인 ADHD, 우울증 및 가족환경, 사회성, 불안 정도를 파악하는 척도도 함께 사용하여 보다 통합적인 결과를 도출하게 된다. 사용하는 진단 척도는 킴 벌리 영의 인터넷 중독 척도, 한국정보화진흥원의 K-척도 등이 있는데, 이 중 K-척도로는 2002년 처음 개발되어, 수정 보완을 계속하고 있다.

한국정보화진흥원 K-척도
(인터넷 중독 청소년 자가 진단. 2015년 기준)

번호	항목	전혀 그렇지 않다	그렇지 않다	그렇다	매우 그렇다
1	인터넷 사용으로 건강이 이전보다 나빠진 것 같다.	1	2	3	4
2	오프라인에서보다 온라인에서 나를 인정해주는 사람이 더 많다.	1	2	3	4
3	인터넷을 하지 못하면 생활이 지루하고 재미가 없다.	1	2	3	4
4	인터넷을 하다가 그만두면 또 하고 싶다.	1	2	3	4
5	인터넷을 너무 사용해서 머리가 아프다.	1	2	3	4
6	실제에서보다 인터넷에서 만난 사람들을 더 잘 이해하게 된다.	1	2	3	4
7	인터넷을 하지 못하면 안절부절못하고 초조해진다.	1	2	3	4
8	인터넷 사용 시간을 줄이려고 해보았지만 실패한다.	1	2	3	4
9	인터넷을 하다가 계획한 일들을 제대로 못한 적이 있다.	1	2	3	4
10	인터넷을 하지 못해도 불안하지 않다.	1	2	3	4
11	인터넷 사용을 줄여야 한다는 생각이 끊임없이 들곤한다.	1	2	3	4

12	인터넷 사용 시간을 속이려고 한 적이 있다.	1	2	3	4
13	인터넷을 하고 있지 않을 때는 인터넷이 생각나지 않는다.	1	2	3	4
14	주위 사람들이 내가 인터넷을 너무 많이 한다고 지적한다.	1	2	3	4
15	인터넷 때문에 돈을 더 많이 쓰게 된다.	1	2	3	4

킴벌리 영의 인터넷 중독 척도 YIAS

번호	항목	전혀 그렇지 않다	드물지만 있다	가끔 있다	자주 있다	항상 그렇다
1	원래 마음먹은 생각보다 더 오랫동안 인터넷에 접속해 있었던 적이 있나요?	1	2	3	4	5
2	인터넷 때문에 집안일을 소홀히 한 적이 있나요?	1	2	3	4	5
3	배우자와의 애정 관계보다 인터넷에서 더 흥미를 느낀 적이 있나요?	1	2	3	4	5
4	온라인상의 친구를 만들어본 적이 있나요?	1	2	3	4	5
5	온라인 접속 때문에 다른 사람이 불평한 적이 있나요?	1	2	3	4	5
6	온라인 접속 시간 때문에 성적이나 학교생활에 문제가 있나요?	1	2	3	4	5
7	해야 할 다른 일을 하기 전에 먼저 전자우편을 점검한 적이 있나요?	1	2	3	4	5
8	인터넷 때문에 업무 능률이나 생산성에 문제가 있었던 적이 있나요?	1	2	3	4	5
9	누군가가 인터넷에서 무엇을 했느냐고 물었을 때 숨기거나 변명을 하며 얼버무린 경험이 있나요?	1	2	3	4	5

10	인터넷에 대한 생각으로 인해 현재 생활상의 어려운 문제를 생각하지 못했던 적이 있나요?	1	2	3	4	5
11	인터넷 사용 후 다시 온라인에 접속할 때까지의 기간을 기다린 적이 있나요?	1	2	3	4	5
12	인터넷이 없는 생활은 따분하고 공허하며 재미없을 것이라고 두려워한 적이 있나요?	1	2	3	4	5
13	온라인에 접속했을 때 누군가가 방해를 한다면 소리를 지르거나 화를 내거나 귀찮은 듯이 행동한 적이 있나요?	1	2	3	4	5
14	밤늦게까지 접속해 있느라 잠을 못 잔 적이 있나요?	1	2	3	4	5
15	오프라인 상태일 때 인터넷에 정신이 팔려 있거나 다시 온라인에 접속해 있는 듯한 환상을 느낀 적이 있나요?	1	2	3	4	5
16	온라인에 접속해 있을 때 몇 분만 더 라고 말하며 더 시간을 허비한 적이 있나요?	1	2	3	4	5
17	온라인 접속 시간을 줄이려고 노력했지만 실패한 적이 있나요?	1	2	3	4	5
18	온라인 접속 시간을 숨기려 한 적 있나요?	1	2	3	4	5
19	다른 사람과 밖으로 외출하려고 하기보다 온라인 상태에 더 머무르기 위해 접속하려고 한 적이 있나요?	1	2	3	4	5
20	오프라인 상태일 때에는 우울하고 침울하며 신경질적이 되었다가 다시 온라인 상태로 오면 이런 감정들이 모두 사라진 적이 있나요?	1	2	3	4	5

그 밖에도 공존 질환인 ADHD, 우울증, 불안 장애, 반항 장애 등의 동반 여부도 평가하기 위해 참고적으로 듀폴Dupaul ADHD 척도, 소아 우울 척도Children's Depression Inventory, CDI, 가족 환경 척도

Family Environment Scale, FES, 사회적 회피 및 불안척도Social Avoidance and Distress Scale, SADS를 실시한다.

척도 평가 후에는 전반적인 주의력 및 인지기능과 심리 상태를 평가하기 위해서 다음과 같은 심리검사들이 시행된다. 가장 먼저 인지 특성 및 실행 기능과 가장 밀접한 연관이 있는 전두엽 기능을 평가하기 위해 위스콘신카드분류검사Wisconsin Card Sorting Test, 스트룹검사Stroop Test, 그리고 주의력장애진단검사Attention Disorder Diagnosis System에서 시각자극검사를 컴퓨터화 된 검사로 시행한다. 이와 함께 인지기능을 평가하기 위한 웩슬러지능검사Wechsler Intelligence Scale for Children 및 심리 상태 평가를 위한 로르샤흐검사Rorschach Test, 인물화그림검사Draw-A-Person, DAP, 사람–나무–집 그림검사House-Tree-Person, HTP, 동적가족화 그림검사Kinetic-Family-Drawing, KFD 등을 시행하게 된다.

필요한 검사가 끝나면 치료 전략을 짜게 되는데, 그 경중도에 따라서 예방, 외래 치료, 입원 치료로 분류해, 개인 치료, 집단 치료, 가족 치료, 약물 치료, 인지행동 치료 등 맞춤형 전략을 시행하게 된다. 그리고 공존 질환에 대한 약물 치료를 고려해볼 수 있는데, 심각한 공존 질환의 경우에는 격리시켜 치료할 수도 있다.

공존 질환의
치료가 중요하다

인터넷 중독과 동반된 다른 정신과적 질환을 가지고 있는 경우 각 질환의 유형 및 심각도에 따라 치료적 접근방법을 달리한다. 다른 위험요소 존재 가능성에 대해 평가해보고, 공존 질환에 대한 약물 치료 혹은 다른 적합한 치료를 고려해본다. 물론 앞서도 이야기했지만 우울증, 충동 조절 장애나 약물 남용 등 심각한 공존 질환이 원인이 될 때는 격리를 시켜 치료하는 입원 치료가 필요하다.

주의력결핍 과잉행동장애[ADHD]가 동반된 경우

중학교 2학년 남자아이가 부모님과 함께 진료실에 왔다. 먼저 부모의 말이다. "초등학교 때는 과학 영재 시험도 통과하고, 수학도 잘하고 반에서 재미있고 머리도 좋은 아이라고 소문이 났었어요. 그런데 중학교 들어가서 게임을 하면서 성적이 떨어지더니 이제는 학교에도 안 가고 집에서 하루 종일 인터넷 게임만 하면서 지내요. 초등학교 때 성적은 좋았지만 다소 장난이 심하고, 산만했어요. 백화점에 갔을 때 자기가 원하는 것을 안 사주면 자리에 주저앉아 떼쓰며 울어서 종종 곤란했었죠. 자존심은 또 엄청 세서 자신이 무엇을 못한다고 지적받거나 무시당하면 엄청 화를 내요."

아이는 게임이 재미있다고 했다. "당연히 재미있어서 하죠. 수업은 듣다 보면 금방 지루해져요. 숙제는 또 어찌나 많은지 숙제를 다 끝낼 때까지 앉아 있을 수가 없어요. 공부도 안 하고 숙제도 안 하니까 시험은 당연히 못 보고, 시험을 못 보니까 창피해서 학교는 다니기 싫고…. 학교 가기 싫으니까 PC방에 가고, PC방 갈 돈을 부모님이 안 주니까 집에서 하는 거고…."

심리검사 결과, 아이의 지능[IQ]은 120이었다. 정서검사 결과, 자기 비하, 자신감 저하, 부정적 사고가 나타났고, 집중력 검사 결과, 단순 집중력은 정상, 다중 집중력(복잡한 주의력)은 손상으로 나타났다. 인터넷 게임 장애로 병원을 찾는 중고등학교 학생들 중, 이 사례처럼 ADHD가 동반된 경우가 상당히 많다. 부모들이 아이가 초등학생 때까지는 산만하고 고집이 세도 성적이 좋으니 별로 신경 쓰지 않다가, 중학생이 되면서 성적이 슬슬 떨어지고 사춘기와 겹치면서 문제가 불거져 병원을 찾는 것이다.

이런 아이들은 심리검사 결과에서 보여지듯이 지능과 단순 집중력이 좋기 때문에 초등학교 과정은 우수한 성적으로 통과하지만, 다중 집중력이 요구되는 중학교 과정부터는 조금씩 따라가기가 힘들어진다. 과목도 많아지고 한 과목에서도 복잡한 주의력이 더욱 많이 요구되기 때문이다.

이런 학생들은 초등학교 때까지 잘해왔기 때문에 자신이 뒤처지는 것을 더욱이 받아들이기 힘들어한다. 이들은 공부와 학교 성적에 대한 스트레스를 맞대응하여 도전하기보다는 피하는 쪽으로 탈출구를 잡는 경우가 더 많다. 실제로 이들에게 '지금 가장 잘하고 싶은 것이 무엇이냐'고 물어보면, 놀랍게도 '게임에서 최상 등급을 달성하는 것'이 아니라 '공부'라고 답한다. 하지만 이들에게 어떻게 하면 공부를 잘할 수 있는지 그 방법을 가르쳐주는 부모는 거의 없다.

'행복이 성적순은 아니다'라고 항변하는 청소년들 사이에서도 이미 학교 성적은 숫자로 객관화된 그들 사이의 등급이다. 따라서 학교에서 자신의 등급을 결정짓는 것은 무의식 속의 한 과정이다. 이런 과정에서 자존심이 센 아이들은 자신이 낮은 등급에 머무는 것을 받아들이지 못한다.

때문에 쉽게 게임 속에서 만들어지는 아바타 캐릭터를 통해 자신의 위치를 확인받으려 하는 것이다. 성적이 한번 오르려면 보통 3~6개월 정도 걸리는 것에 비해서, 게임은 몇 일이든 한 달이든 자신이 보낸 시간에 비례해 등급이 오르기 때문에 매력적일 수밖에 없다. 특히 즉각적 보상에 예민한 ADHD 아이들이 더욱 좋아한다.

대부분의 아이들은 성적이 떨어지면 놀라서 공부를 더 열심히 해보려고 한다. 하지만 이런 시도에도 결과가 몇 번 안 좋게 나오면 그냥 물러서게 된다. "중간고사 결과가 아주 안 좋게 나온 이후에 공부를 통 안 하고 게임만 해요." "성적이 두 번 안 좋게 나오니까 그다음부터는 공부를 안 하더라고요." 흔히 병원에 온 어머니들이 인터넷 게임 장애의 원인을 밝히기 위해 아이에 대해 소상히 이야기할 때 덧붙이는 말들이다.

하지만 보통 부모들은 이 아이들에게 그냥 열심히 하면 성적이 오른다는 말만 하지, 왜, 어디서, 무엇이 안 되는지 물어보고 그에 대한 답을 가르쳐주지는 못한다. 이것이 바로 전문가들의 도움을 받아야 하는 이유이자, 자세한 심리검사와 분석이 요구되는 이유이기도 하다.

치료자는 먼저 아이에게 '너는 집중력 부분에 결함이 있고, 그 부분이 한꺼번에 여러 가지 일을 할 수 있는 다중처리능력, 즉각적 보상에 대한 예민함을 일으켜 이렇게 된 것이지, 네가 머리가 나쁘거나 못된 아이여서 그런 것이 아니다'라고 자세히 설명해준다. 그러면 비로소 아이와 의사, 부모가 치료에 대한 동맹을 맺게 된다.

아이는 집중력에 대한 치료를 받고, 적은 양부터 짧은 시간 동안 기본부터 공부를 다시 시작하면 조금씩 성적이 올라간다. 그러면 자연스럽게 학교에 머물게 되고, 학업과 관련된 시간이 늘어나면서 게임을 하는 시간은 줄어들게 된다. 게임을 못 하게 하여 학업 시간을 늘리는 전략보다는, 학업 시간을 늘려 게임 시간을 줄일 수 있게 하는 것이 훨씬 효과적이다.

ADHD가 동반된 인터넷 중독의 치료는 크게 세 가지가 협력되어야 한다. 첫째 부모 및 아동청소년의 교육, 둘째 약물 치료, 셋째 학업 및 학교생활 관련 상담이 상호보완적으로 이루어져야 한다.

ADHD에 대한 치료가 이루어지려면 우선 첫 단계로 진단을 확실하게 해야 한다. 그래야 치료의 방향을 올바르게 잡을 수 있다. 일반적으로 증상이 가볍거나 주변(가정, 학교, 사회)과의 문제가 심각하지 않을 때는 환경 조절이나 부모 상담, 행동 수정 방법 등을 우선적으로 시행한다.

두 번째 단계로 약물 치료가 이루어질 수 있다. 특히 인터넷 중독과 같은 문제로 병원에 올 정도라면 이미 상당한 정도의 기능 저하 및 생활에서의 지장이 일어난 것이므로 약물 치료가 병행되어야 한다. 이때 치료자는 부모와 아이가 약물 치료를 받아들일 수 있도록 충분히 설명하고, 장기간 사용해야 한다는 것도 미리 알려준다. 사용할 수 있는 약물로는 메틸페니데이트 계열의 약(페니드, 메타데이트CD, 콘서타), 아토목세틴, 부프로피온 같은 기타 항우울제 들이 있다. 이 약들의 효과는 70~80퍼센트에 이르기 때문에, 정확하게 진단되어 적절하게 사용하는 경우 좋은 결과를 가져올 수 있다.

세 번째 단계는 부모 교육 및 가족 상담을 통해서 인터넷 및 게임의 특성, ADHD 및 자녀의 특성에 대한 이해를 증진시키는 것이다. 이로 인해 부모와 자녀 간 갈등을 감소시켜 긍정적인 상호작용을 촉진시킨다. 앞에서도 말했지만 ADHD를 갖고 있는 아이의 경우 유독 게임을 더 좋아하고 집착하는 경향이 있다. 다른 학습 활동 영역에서 부정적인 피드백만 받아오던 산만한 아이가 게임에는 놀라울 정도의 집중력을 보이면서 자기 스스로 만족감을 느끼기 때문이다. 이때 게임은 자신감을 높여주는 도구가 된다. 아이는 게임을 통해 자랑스러운 지위와 보상을 얻게 되는 것이다.

치료자는 부모들이 이런 ADHD의 특성을 이해하여 자녀가 게임을 조절할 수 있도록, 게임에서 얻어지는 보상 외의 다른 보상을 줄 수 있게 아이에게 특별한 관심을 기울이도록 조언한다. 또한 부모들에게 또래관계의 중요성을 인식시켜 자녀의 사회성을 호전시키도록 한다. 이 외에도 인지행동요법(개인 또는 그룹), 사회기술훈련, 동기강화훈련 등을 이용할 수 있다.

　인터넷 중독과 가장 많이 관련된 정서적 요인은 우울증이다. 청소년의 경우 대인관계에서의 적대감, 과수면 혹은 과식, 그리고 우울하기보다는 짜증스러워 보이는 비전형적 우울증의 형태를 흔히 보인다. 많은 아이들이 감정의 해방과 스트레스의 탈출구로 인터넷 및 게임을 선택하는 것으로 볼 때, 이들에게 인터넷은 우울감을 털어버릴 수 있는 현실 도피처로서의 역할을 한다. 따라서 우울증의 정도에 따라 상담 및 약물 치료와 더불어 현실에서의 적응을 유발할 수 있는 동기를 계발하는 등의 치료적 개입이 필요하다.

　만일 인터넷 중독보다 우울증이 주된 문제이고 우울 증상이 심하다면, 우선적으로 우울증을 치료하고 증상이 어느 정도 호전을 보이면, 인터넷 중독 문제를 인지행동 치료를 통해 해결해 나간다.

A군은 집에서는 내성적이고 조용하지만 밖에서는 활달하고 밝은 성격으로, 부모는 처음 학교에서 아이의 별명이 '나서기'라는 말을 듣고 깜짝 놀랐다고 한다. 그래서인지 아이는 평소 다른 사람의 시선과 관심을 많이 의식했다. 어릴 때부터 학원이나 과외 학습을 시키면 곧잘 따라갔고 중학교 때까지 성적은 상위권이었다. 그 결과 자율형 사립고에 들어가게 되었다.

하지만 아이는 입학하면서부터 성적이 떨어지자 크게 충격을 받고 이럴 바엔 차라리 공부를 안 하는 것이 낫겠다 생각하고 아예 공부를 하지 않았다. 게임하는 시간이 점점 늘어나면서 부모에게 학교 간다고 거짓말을 하고 무단결석을 하며 근처 PC방에서 아침부터 밤까지 하루 종일 게임을 했다. PC방 비용도 지불하지 못한 채 도망 다니기 일쑤였다.

A군은 "사는 게 흥미가 없다. 다 재미가 없다" "왜 사는지 모르겠다. 차라리 죽는 게 나을 것이다" 같은 말을 수시로 했다. 또 수업 시간에 엎드려 자거나, 자율학습 시간에도 농구를 하는 등의 일로 담임선생님께 지적을 당하자 스트레스를 많이 받았다.

아이는 결국 부모와 상의하여 체육특기생으로 등록하고 한동안 운동을 했으나 점점 체력적 한계 느끼고 그만두었다. 이후 무단결석, 지각, 조퇴가 점점 늘어나면서 벌점이 누적되어 끝내 정학 처분까지 받게 되었다. 아이는 개학을 앞두고 학교도 가기 싫고 이 상황을 모면하고 싶다는 생각에, 자발적으로 병원에 입원하여 인터넷 중독 치료를 받게 되었다.

B군은 초등학교 때까지 비교적 내성적이지만 욱하는 기질이 있으며 말보다는 행동이 앞서 주먹으로 친구들을 제압하고 이끌고 다니는 편이었다. 문제는 초등학교 5학년 때 아버지의 직장 문제로 베트남으로 이주해 국제학교에 진학하면서 생겼

다. 미숙한 영어 탓에 수업을 따라가기가 힘들어지고 활발하지 않은 성격 탓에 친구들과의 관계에서도 적극적으로 리드하지 못하게 되면서 적응 문제를 겪게 되었다. 중간 정도하던 공부를 점차 따라가지 못하게 되자 자포자기하는 상태가 되었고, 결국 한인학교로 전학을 갔으나 이미 공부에 흥미를 잃어 거의 수업을 듣지 않고 하루 종일 엎드려 잠만 자고 오는 생활을 반복했다.

이후 아이는 어렸을 때부터 간간이 해오던 게임에 몰두해 집에 들어오면 거의 바깥출입을 하지 않고 게임만 했다. 아침에 늦게 일어나 피곤한 몸을 이끌고 학교에 가서는 잠을 자고, 다시 귀가하면 늦게까지 게임을 하는 생활 패턴을 보였다. 학교 수업 도중 배가 아프다며 조퇴를 하기 시작했고 이러한 일의 빈도가 점차 늘어나 부모가 지적했지만 변화가 없었다. 그러다 친척에 의해 지방의 한 기숙학교에 보내졌으나 적응하지 못하고 하루도 되지 않아 뛰쳐나왔다. 이 일로 아이는 집안 어른들을 심하게 원망하게 되었다.

다시 학교에 다니기 시작한 후에도 달라진 것이 없었으며 작년 9월부터는 아침에 자고 일어나면 머리가 아프다며 결석, 지각, 조퇴를 하는 일이 더더욱 잦아졌다. 아이는 '꿈도 없고, 하고 싶은 것도 없다'며 무력감 및 본인 미래에 대한 심한 좌절감을 많이 토로했고, 대인관계를 회피하고 사회적으로 고립되어 지내고 있었다. 낮밤이 바뀌어 밤에는 게임을 하고 쉴 새 없이 먹다

가 하루 종일 자고 다시 일어나 게임을 하는 생활이 계속되어
병원에서 입원 치료를 받게 되었다.

두 경우 모두 아이들은 '공부'에 관련된 트라우마를 겪고, 공부와 학교를 떠나서 할 일 없는 상황이 되자 게임을 붙잡게 되었다. 우리는 흔히 어른들이 아이들을 성적으로만 평가하고 그것 때문에 아이들에게 스트레스를 준다고 생각하지만, 앞서 말했듯이 아이들 자신도 소위 '성적'으로 자신을 평가한다. 또 이 성적의 등락에 따라 자신의 기분이나 의욕, 자신감의 등락을 보인다.

또한 자신이 생각해놓은 기준에 미치지 못하거나, 다른 사람의 평가 기준에 미달된다는 느낌을 받으면 아이들 자신이 스스로에게 징벌을 내린다. 즉 자신이 자신의 가치를 낮추고 멸시하는 것이다. 이는 실망을 동반하며 의욕 저하와 허무감을 불러일으킨다. 그래서 전혀 생산적이지 못하고 소비적인 행동에만 매달리게 되는 것이다.

이런 아이들은 게임을 그렇게 많이 하면서도, 재미를 느끼지 못하는 경우가 많다. 또한 점수를 올린다든지, 스테이지를 정복한다든지 하는 게임 플레이에 대한 의욕조차도 없어서 무의미한 게임 활동을 끊임없이 반복하는 것이다. 이런 아이들에게 게임을 하지 말라고 하거나 게임을 뺏어버린다고 모든 문제가 해결되는 것은 절대 아니다. 어쩌면 그 게임마저도 안 하고 식물인간처럼 살지도 모른다. 아니면 더 어른들의 눈에 띄지 않는 다른

숨겨진 일탈을 즐길 수도 있다.

따라서 이때 근본적인 해결 방법은 문제의 초점을 게임에 맞추는 것이 아니라 아이의 실망과 그 실망에서 빠져나오는 방법에 대해서 생각해보는 것이다. 아이들은 패배주의의 늪에서 빠져나올 수 없다는 생각을 한 번도 누군가와 구체적으로 이야기해본 적이 없다. '그냥 열심히 하면 돼', '실망하면 안 돼', '잘할 수 있어' 등의 추상적인 이야기만 들었지 그것을 어떻게 빠져나와야 한다는 이야기를 구체적으로 들어본 적이 없는 것이다.

불안 장애가 동반된 경우

고등학교 1학년 성진이는 그냥 두었다가는 생명이 위태로울 것 같아서, 부모가 1년 동안 고민한 끝에 병원에 강제 입원시킨 아이다. 성진이는 어릴 적부터 내성적이고 조용한 편이었다. 부모는 맞벌이를 하여 아이는 취학 전에도 항상 놀이방이나 어린이집에 맡겨졌고 어디를 가든 불만 없이 적응하며 조용히 지내는 편이었다. 또 울거나 보채는 일이 거의 없어 순하고 착한 아이라고 여겨졌다. 나중에 부모에게 반항을 한다든지, 난폭해지리라고는 전혀 상상할 수 없는 아이였다. 다만 또래에 비해 대소변을 가리는 것이 늦었으며, 행동이 현저하게 느리고 운동 능력, 순발력 등이 부족했다.

아이는 여덟 살 때 대장접합술을 받은 이후 통증으로 고통스러워하고 불안해하는 등 정서적으로 불안정한 모습을 보여 상담 치료, 놀이 치료를 받았다. 놀이 치료를 받을 때, 아이가 의사소통 능력이 부족하여 치료에 잘 참여하지 못하고 어머니만 애타게 찾아 치료 효과를 보지 못했다. 초등학교 때는 반에서 왕따를 당해 이후 전보다 더 내성적으로 변하여 친구 없이 외톨이로 지냈다. 아이는 아주 사소한 실수라도 얼굴이 붉어지며, 학교에서 다른 아이들에게 실수할까 봐 걱정도 되고, 또 집에 와서도 다른 친구들이 나를 어떻게 볼까 계속 생각하게 되어서 아예 친구를 안 사귀기로 결심했다.

중학교 진학 이후에는 종종 하던 게임 시간이 점점 늘어났다. 혼자 PC방에 가서 게임을 하고 집에서는 게임을 제지하는 부모와 마찰이 생겼다. 그러다 부모의 돈과 카드를 쓴 일로 아버지에게 체벌을 받았다. 아이는 게임을 제지하거나 컴퓨터를 집에서 없애면 부모에게 욕설을 하고 칼을 들고 위협했으며, 아파트 옥상에서 뛰어내려 죽으려고까지 하여 119에 의해 구조되기도 했다. 부모는 조금만 제지하여도 이 정도인데, 만약 병원에 입원시켰다가 퇴원하게 되면 아이가 더 큰 일을 저지를 것 같아서, 병원 치료를 계속 주저했다.

그러는 사이 아이는 중학교 3학년 겨울방학 때부터 하루 종일 게임을 하고 아프리카TV로 자신의 게임을 방송하면서 시청자들과 채팅하는 것에 집착하기 시작했다. 물 한 모금 마시지 않고 24시간 동안 컴퓨터 앞에 앉아 있고 심지어는 화장실에도 가지 않아 자리에서 대변을 지릴 정도였다. 보다 못한 부모가 아이의 건강을 염려해 강제로 방에 들어가 컴퓨터를 부숴버리자, 아이는 벽에 머리를 찧는 자해 행동을 하는 등 행동조절이 되지 않아 병원에 입원하게 되었다.

스물두 살 대학생 최 군은 아이 때부터 발달이 전반적으로 다소 늦은 편이었다. 다섯 살 때부터 유치원에 보냈으나 또래와 어울리지 못하고 본인보다 어린아이들과 노는 것을 좋아했으며, 학창 시절 내내 성적은 하위권이었다. 학교에서 따돌림을 당하고 학습도 부진해 스트레스를 받다가, 고등학교 2학년 무렵에는 "사람들이 나를 이상하게 쳐다본다, 해코지를 할 것 같다"며 피해사고를 보이고 불안증과 매사에 예민한 반응을 보여 사회공포증, 정신증 등의 진단을 받고 약을 복용했다.
하지만 대인관계는 여전히 어려워했다. 실업계 전형으로 대학에 진학한 후에도 소수의 친구들과 필요한 이야기만 하고 깊은 관계는 맺지 못했다. 그나마 왕래를 하던 몇몇 친구들마저 군대에 가버리거나 흩어져 혼자만 남게 되자 학교조차도 가지 않았다. 이후부터 약 3년간 거의 외출을 하지 않고 집에서 두문불출하며 게임만 하고 지냈다. 시간 가는 줄 모르고 게임을 하다가 늦게 잠들고 아침에 겨우 일어나 어머니와 실랑이를 했다.

또 본인 스스로 남들과 어울리지 못하고 게임만 하며 지내는 모습에 자괴감을 느껴, 우울감, 불안, 죽고 싶은 마음이 들어 폭식과 과도한 수면으로 대처해 체중이 급격히 불어났다. 폭식은 점점 심해져 심지어는 아프리카TV 방송을 보면서 음식 먹는 것을 따라하다 구토를 할 정도였다. 성격 또한 점점 거칠어져 게임을 하다 화면을 보고 흥분한 듯 소리를 지르며 욕을 하고 최근에는 이를 나무라는 부모에게도 욕설을 하기 시작했다. 최근은 생활이 제어되지 않아 결국 병원에 입원했다.

불안증을 동반한 인터넷 중독의 경우 ,인터넷 중독의 문제를 다루어 가면서 동시에 불안증에 대한 약물 치료와 인지행동 치료를 한다. 학업 수행 및 학교생활의 어려움, 또래관계의 어려움(왕따, 집단구타 등) 및 가족관계의 갈등에서 초래되는 불안감을 감소시키기 위해 인터넷 및 게임에 집착하는지에 대한 평가를 시행한다.

다른 경우와 마찬가지로 불안 장애가 동반된 경우에도 다양한 치료적 접근이 요구된다. 여기에는 불안 장애와 관련해 부모와 청소년에게 시행하는 교육 및 개별 상담, 교사들과의 상담이나 자문, 행동요법, 정신분석적 정신 치료, 가족 치료, 약물 치료 등이 모두 포함된다.

충동 조절 장애가 동반된 경우

강 군은 어릴 때부터 산만하다는 이야기를 자주 들었다. 운동을 좋아하여 어릴 때부터 줄곧 태권도를 해왔다. 이후 본격적으로 고등학교 태권도 선수로 지내면서 전국대회에서 그럭저럭 성적을 올렸다. 한번 경기를 시작하면 승부욕이 남달라 의지와 집념을 보여 사람들로부터 경기장 밖과 안에서의 모습이 너무 다르다는 이야기도 종종 들었다.

그러던 중 고등학교 3학년 때 가슴이 답답해 병원을 찾았다가 심장판막증 진단을 받고 약물을 복용, 의사의 권고로 태권도까지 그만두게 되었다. 강 군은 급작스럽게 운동을 그만두자 앞으로 무엇을 해야 할지 막막해졌다. 갈팡질팡하던 중 친하게 지내오던 형들이 인터넷으로 스포츠 도박을 하는 모습을 보고 자신도 자연스럽게 따라 하게 되었다. 처음에는 조금씩 돈을 따는 자신의 모습에 뿌듯해지고 의욕이 생겼다. 이후 더 많은 돈을 걸고 도박을 하게 되면서 돈을 잃을 때가 더 많아지고 빚까지 생겼다.

강 군은 빚을 갚는다는 핑계로 도박을 더 많이 하게 되었다. 주위 사람들에게 거짓말을 해 돈을 구하거나 대부업체에서 대출을 받기도 했다. 한 달 전에는 장사를 한번 해보겠다는 생각에 밑천을 마련하고자 충동적으로 500만 원을 걸었으며, 일주일 전에는 아르바이트하던 가게 금고에서 160만 원가량의 돈을 훔친 뒤, 상황을 회피하기 위해 집에서 나와 찜질방에서 지내고 있었다. 부모와 친구들이 강 군의 현재 상황을 알게 되었고 상의 끝에 입원 치료를 결정했다.

K씨는 군복무를 마치고 대학에 복학하기 전 본격적으로 게임에 몰입하기 시작했다. PC방에서 아르바이트를 하며 길게는 하루에 17~18시간씩 게임을 했고 복학해서도 생활 패턴이 크게 바뀌지 않아 수차례 휴학을 했다. 그러다 취직을 하면서 대학을 자퇴했다.

입사 첫 2개월 동안 K씨는 게임을 하지 않고 지냈으나 점차 업무에 익숙해지면서 퇴근 후 곧장 PC방에 들러 새벽 2~3시까지 게임을 하고 귀가하는 생활을 반복했다. 수면 부족 탓에 늘 피곤하고 예민하여 업무에 집중할 수 없었다. 그리고 더 이상 업무를 지속할 수 없다는 생각에 이직했다. 이때부터 집에서 독립해 혼자 살기 시작했다. 이렇게 PC방에 가지 않아도 게임을 할 수 있는 환경에 놓이면서 퇴근하고서는 식사도 하지 않고 새벽 늦게까지 게임만 하는 생활을 반복했다.

그러다 결국 6개월 만에 직장을 그만두고 가족과 연락을 두절한 채 혼자 주거지를 옮겨 직장도 구하지 않고 게임에만 매달리며 3,000만 원가량을 지출했다. 은행 기록을 통해 그가 있는 곳을 알아낸 부모님의 설득으로 본가로 돌아와 직업훈련소 생활을 3개월가량 한 뒤, 새 직장 얻어 다시 독립했다.

흔히 충동 조절 장애가 동반된 경우에는 병적 도박으로 나타난다. 주로 성인 인터넷 중독자들에게서 많이 나타나고 있는데, 이는 도박 중독적 성향이 인터넷 중독으로 표현되고 있는 것이다. 충동 조절 장애의 공통적인 특징은 다음과 같다. 첫째 자기 자신이나 타인에게 해가 되는 행동을 반복하며 이런 충동과 욕구를 스스로 억제하거나 조절하지 못한다. 둘째 충동적 행동을 하기 전 긴장이나 각성이 고조된다. 셋째 행동으로 옮긴 후에는 일시적인 쾌감이나 다행감, 또는 긴장의 해소를 경험하게 된다.

이런 특성 때문에 충동 조절 장애를 동반한 인터넷 중독의 경우 일반적으로 정신 치료만으로 호전을 기대하기가 어렵다. 충동적 욕구가 올라갈 때 어떻게 할지 미리 적절한 대안을 마련하도록 행동요법을 시도할 수 있다. 청소년의 경우 가족들의 이해와 도움이 필수적이기 때문에 가족 치료나 집단 치료를 시도하는 것이 좋다. 또 약물 치료를 병행하여 공격성과 충동을 줄일 수 있는데, 사용되는 약물로는 항정신병약물, 선택적 세로토닌계 항우울제, 기분조절제 등이 있다.

물질 남용(약물 남용)이 동반된 경우

E씨는 어릴 적부터 미국에서 교육을 받았다. 평소 밝은 성격으로 교우관계도 원만했으나, 대학에 진학하고 학업 성취도가 떨어지면서 교포 모임에도 나가지 않고 집에서 혼자 지내는 시간이 많아졌다. 학교 수업도 결석하는 날이 많아져, 대학교 2학년 때 휴학을 하고 한국으로 돌아왔다.

E씨는 자신은 미국 국적인 반면 가족들은 모두 한국 국적이어서 자립 기반이 없다고 생각되어 막막했고, 미국으로 돌아가 원하지 않는 학과 공부를 계속해야 할지 아니면 한국에서 다시 대학 공부를 시작해야 할지 갈등했다.

이런 가운데 가족들도 자신의 상황에 공감해주지 못하자 E씨는 혼자 소주를 사다가 하루에 한 병씩 마시기 시작했다. 국적, 학교, 미래에 대한 걱정이 해결되지 않은 상황에서 자신의 술 문제 및 과격한 성격을 문제 삼아 친구들이 하나둘씩 떠나자 E씨는 불안감과 죄책감, 무기력감이 심해졌다. 아침에 일어나면 소주를 마시기 시작해 끼니도 거르며 술만 마시는 일이 지속되다가, 술에 취한 상태에서 칼로 손목을 긋는 일이 발생하여 부모와 함께 병원에 내원하여 입원하게 되었다.

F씨는 어릴 적부터 산만하고 놀기 좋아하는 편이었다. 중학교 때부터는 친구들과 어울려 당구장, PC방에 자주 다녔다. 이를 안 아버지가 F씨를 야구방망이로 체벌하고 혼냈으나 오히려 게임을 하고 노는 시간이 늘어났다. 고등학교 졸업 후에는 아버지의 권유로 바로 군대에 다녀온 뒤 4년제 대학에 입학했다. 대학생활을 하면서 과대표를 하는 등 적극적인 모습을 보였으나 음주량이 급격히 늘어 알코올성 간염이 생겼다. 졸업 후 보안업체에 취업하여 은행 보안요원으로 4년간 일을 해왔으나 직장생활을 하는 와중에도 게임, 포커 등을 하루 3~4시간씩 지속적으로 해왔다.

F씨는 일을 해도 대출금도 못 갚고 돈이 모이지도 않는다며 가족과 직장 동료들에게 짜증을 내는 일이 점점 잦아졌다. 그러다 갑자기 다니던 일을 그만두고 개인회생절차를 신청하여 빚을 탕감받고 아버지에게 돈을 요구했다. 일을 그만둔 다음에는 하루 10시간 이상 게임을 하고 친구들과 만나 일주일에 3~4회 소주 1~2병가량을 마시는 생활을 했다. 부모가 제지하고 충고하면 욕을 하고 화를 내다가 도리어 돈을 요구하는 행동을 보여 병원 입원 치료를 권유받았다.

인터넷 및 게임을 통한 스트레스 해소와 자신감 획득, 현실 도피와 마찬가지로, 현실에 만족하지 못하고 적응하지 못하는 경우 술을 포함한 약물 남용은 또 하나의 도피처가 될 수 있다.

따라서 인터넷 중독 청소년에게 약물 남용이 동반되어 있는지 살펴보고, 이에 대한 적절한 중재를 해야 한다. 무엇보다도 문제의 심각성을 제대로 파악하고 이해하는 것이 필요하고, 어떤 청소년이 어떤 이유로 약물 남용에 빠져드는지 잘 알아야 한다. 그리고 치료 교육적 대책 및 구체적인 예방법, 약물 치료 등이 필요하다.

인격 장애가 동반된 경우

인터넷 중독 청소년의 경우 사회공포증과 더불어 회피성 인격 장애, 정신분열성 인격 장애, 정신분열형 인격 장애 등과 같은 대인기피적 경향이 있는지 살펴보아야 한다. 여기에는 전형적인 인터넷 중독자들보다는 귀차니스트나 댓글족(리플족) 같은 사람들이 더 많이 속하는 것 같다. 흔히 '혼자 놀기'의 달인들이라고 불리는 이들은 검색, 영화 감상, 쇼핑 등 다양한 인터넷 놀이를 즐기면서 사람을 만나지 않고 집에만 처박혀 지낸다. 이들은 겉보기에는 인터넷을 과도하게 이용하는 것처럼 보이지만 사실은 인터넷을 현실과의 창구로 활용하고 있다고 할 수 있다.

이들은 최근 국내에서 은둔형 외톨이(히키코모리)라 불리면서 사회적 관심을 끌고 있는데, 인터넷 중독자들의 일부가 이들과 겹쳐서 나타나기도 한다. 먼저 이들은 다양한 현실에서 새로운 대인관계를 경험할 필요가 있다. 이들이 현실 접촉을 하기 위해서는 건강한 지지 기반의 도움이 필요하다. 이를 통해 점차적이고 지속적으로 현실과의 접촉을 시도해야 한다. 일부 연구자들은 은둔형 외톨이 치료 캠프 등을 통해 현실과의 접촉을 늘리는 치료 방법을 시도하고 있다.

부모 협조가 치료의 성패를 좌우한다

인터넷 게임 이용을 저지하다가 부모 자식 간 관계가 극도로 악화되는 경우가 많다. 특히 청소년의 경우 더욱 그러하다. 게임 이용을 저지할 경우 아이는 분노가 폭발하여 부모에게 공격적인 행동을 보이거나 욕을 해대고, 화가 난 부모는 컴퓨터를 빼앗거나 부숴버리고, 급기야 경찰이 출동하는 사례도 적지 않다. 혹은 아이가 부모와 대화를 단절한 채 하숙생처럼 방에 처박혀 있거나, 가출하여 PC방에서 사는 일도 있다. 부부 간에는 '당신 때문에 아이가 이렇게 되었다'고 다툼이 일어나 심지어 이혼 문제까지 대두되는 경우도 있다.

게임 중독 치료 과정에서 악화된 가족관계를 해소하기 위해서는 아이는 물론 부모도 아이를 대하는 태도가 변해야 한다. '나도 너만 할 때 당구에 빠진 적이 있다. 게임이 그렇게 재밌니?'라는 식의 접근은 아이의 닫힌 마음을 여는 열쇠가 될 수 있다. 인터넷 중독을 치료하기 위해서 부모가 지켜야 할 10가지 팁을 간략히 소개해본다. 이 중 몇 가지는 앞서 중간중간 이야기한 것들이다.

첫째 행위의 결과보다 원인을 알려고 노력해야 한다. 부모가 아이의 행동에 대해 처벌하거나 잘못된 행동을 밝혀 자백하게 끔 하면, 아이는 점점 거짓 행동을 하게 될 것이다. 부모는 행위의 동기를 이해하려는 분석가가 되어야 아이와 감정을 교류하고 공감할 수 있다.

둘째 입보다 눈과 귀가 큰 관찰자가 되어야 한다. 장황하게 반복적으로 설교하기보다는 아이의 행동을 잘 관찰하고 아이의 말을 들어주는 부모가 되어야 한다. 아무리 좋은 충고도 두 번 이상 들으면 누구나 짜증이 난다. 아이의 말을 다 듣고 마지막에 '그렇지만 아빠가 생각하기에는 …가 더 바람직한 것 같다'는 식의 짧은 멘트가 더 효과적이다.

셋째 잘못된 행동에는 무반응, 잘한 행동에는 칭찬과 관심 반응을 보여야 한다. 아이의 잘못된 행동을 콕콕 잡아내기보다는 아이의 체면을 살려 알고도 모른 척 넘어가주는 것도 필요하다. 또 바람직하게 변한 행동에는 칭찬과 관심을 아끼지 말아야 한다. 그러면 자연히 잘못된 행동은 줄어들고 바람직한 행동이 늘어나게 된다. 아이의 단점보다 장점을 찾으려는 태도를 가져야 한다.

넷째 자녀와 눈을 보고 대화하며, 그때 자녀의 태도를 잘 살펴야 한다. 대화 도중 자녀의 심리 변화를 읽어내고 그에 따라 대화 진행 여부를 결정한다. 아이가 딴청을 피운다면 이야기가 듣기 싫거나 부모와 생각이 다르다는 뜻이다. 물론 아이의 컨디션이 좋지 않을 수도 있다. 이때는 다음 기회에 아이가 컨디션이 좋을 때 부모가 하고 싶은 말을 해야 한다. 자칫 불난 집에 휘발유를 뿌리는 우를 범해서는 안 된다. 모든 일은 적절한 타이밍이 있는 것이다.

다섯째 아이가 고쳐야 할 구체적 문제행동 한두 가지에 집중해야 한다. 부모가 자질구레한 일들을 일일이 지적하다 보면 아이는 하루 종일 잔소리를 듣는다고 여기게 되어 잘 듣지도 않고, 아이와 관계만 나빠질 뿐이다. 문제행동 한두 가지에 집중하여 그것만은 고쳐보자는 접근 방식이 효과적이다.

여섯째 아이가 바라는 부모의 변화를 한 가지는 들어주어야 한다. 부모가 아이에게 바라기만 해서는 안 된다. 아이가 요구하는 것도 들어주어야 한다. 같이 고쳐나가자는 태도가 훨씬 설득력 있다. '너는 이걸 고치고 부모인 나는 네가 지적한 이걸 고치겠다'는 식의 태도가 필요하다.

일곱째 부모도 자신의 실수를 인정하는 모습을 보여야 한다. 자녀에게 잘못한 부분이 있다면 실수를 인정하고 빨리 사과한다. 사과를 받은 자녀는 부모와 자신이 상하 관계가 아닌 평등

한 관계에서 대화하고 있다고 생각하게 되고, 부모로부터 존중받는다고 느끼게 된다. 대화 도중에 받은 감정적 상처도 치유할 수 있다.

여덟째 부모는 집안 분위기를 띄워야 한다. 집안 분위기가 좋아야 가족 간에 농담도 주고받고 대화도 오가고, 서로 짜증내거나 비난하는 수위도 낮아져 극단적인 행동을 하지 않게 된다. 부모 자식 간에 서로에게 상처 주는 극단적 언행은 절대 피해야 한다.

아홉째 느긋한 자세로 아이를 바라보아야 한다. 인생은 마라톤이다. 단시간에 행동 변화를 보이지 않는다고 조급해하기보다는, 우리 아이가 언젠가는 부모 마음을 알고 철이 나서 효자가 되겠지 하는 느긋한 마음을 가지고 지켜보아야 한다.

열째 아이에 관한 중요한 결정을 할 때는 아이 자신을 꼭 참여시킨다. 아이는 자신의 문제를 부모가 묻지도 않고 몰래 결정해 버리면 우선 잘 따르지 않는다. 또 잘못됐을 경우에는 부모 탓을 하게 된다. 의사 결정에 아이 의견을 반영하는 가장 큰 목적은 아이에게 책임감을 주기 위해서다.

또 인터넷 중독을 치료하기 위해서는 컴퓨터 관리와 더불어 자녀들이 게임 아이템 거래에 지나치게 빠져드는 것을 관리해야 한다. 하지만 보통 부모들은 아이템 내용이나 거래 방식 등을 잘 모르는 경우가 많기 때문에 쉽지가 않다. 아이들이 게임 아이템 거래에 몰입해 있는지를 체크하려면 다음과 같은 사항을 잘 살펴야 한다.

첫째 아이의 컴퓨터 주변에 긁힌 문화상품권이 놓여 있는지 확인한다. 둘째 인터넷 충전 사이트에 정기적으로 접속해서 문화상품권 결제 내용이 있는지 확인한다. 셋째 집 전화나 부모의 휴대폰에 소액결제 내용이 있는지 확인한다. 넷째 아이의 등하교 시간이 평소보다 늦어지는지 주의를 기울인다. 교통카드로도 게임머니 충전이 가능하기 때문이다. 다섯째 게임 관련 잡지나 책 등에서 무료쿠폰이나 할인쿠폰이 오려져 있는지 살펴본다.

다음은 인터넷 중독 문제를 가진 청소년들의 사례 중 부모의 협조가 원활히 이루어졌던 사례들이다. 가족 치료를 하면서 부모의 문제 파악 및 치료 협조가 치료 결과에 얼마나 긍정적인 영향을 미치는지 확인해보자.

열다섯 살의 김 군은 학교생활을 소홀히 하고 게임에만 몰두했으며, 부모에게 폭력을 휘두르는 빈도가 높아져 강제 입원되었다. 부모에게 아이는 입원 전이나 입원 중에도 엄청난 공포의 대상이었다. 부모가 처음부터 아들을 무서워한 것은 아니었다. 아이가 어렸을 때는 오히려 반대였다. 아이는 작은 실수에도 크게 혼이 났고, 아이 자신의 의견을 부모에게 이야기할 기회도 용기도 없었다.

치료자들은 일단 아이에 대한 부모의 선입견부터 고치기로 했다. 그리고 아이를 대하는 태도와 행동의 자세한 부분까지 조언해주었다. 분명한 이유와 객관적 논리가 없을 때는 확실한 'No' 신호를 보내기로 했고, 도중에 폭력적인 말이나 행동이 나올 때는 '협상'을 중단하기로 했다.

또한 가족 상담을 실시했다. 아이가 부모에게 섭섭했던 부분들, 특히 어릴 적 아버지에게 맞았던 일을 다시 다룸으로써 아이가 부모에 대해 가지고 있던 원망감을 적절한 수준에서 표현할 수 있도록 도와주었다. 아이와 부모는 가족 상담을 하는 도중 몇차례 면담장을 뛰쳐나가기도 했고, 심하게 화를 내어 상담 자체가 중단되기도 했다. 하지만 서서히 변화는 진행되었다. 아이와 부모가 서로에 대한 생각이 바뀌는 부분들에 대해 이야기하면서 조금씩 이해를 하게 된 것이다.

그리고 퇴원 뒤에는 가족 간의 대화가 늘어났고 아이도 스스로 분노를 조절하려고 노력했다. 아이는 자립형 사립고에 다니고 있었는데 지난 학기에 공부를 거의 하지 않은데다 퇴원이 늦어져 수업을 따라가기가 힘들고 내신 따기가 어려워 대학 가는 데에 불리하다는 이유를 들어 스스로 전학을 원했다.

아이가 부모와 전학 문제에 대해 논의한 후 일반 고등학교로 전학 가게 되면서 가족 상담은 종결되었다. 상담 종결 당시 아이는 가족들과 대화도 많이 하고 오프라인 활동을 많이 하면서, 예전만큼 재미있지 않다며 게임을 거의 하지 않게 되었다.

아들과 대화가 하고 싶다는, 정말 단순하지만 어려운 문제를 가지고 한 아버지가 병원을 찾아왔다. 병원에 같이 가지 않으면 용돈을 주지 않겠다는 통보를 받은 스물다섯 살의 아들도 따라왔다. 아들은 고등학교 졸업 후 군대에 다녀온 뒤, 취직자리를 얻지 못해 집에서 3년간 놀고 있었다. 할 일이 없는 아들은 낮에는 잠을 자고, 밤에는 친구들을 만나서 술을 한잔 한 후, PC방에 가서 게임을 하고 집에 들어오는 게 일과였다.

"우리 집은 사우나의 온탕과 냉탕 같아요. 아버지는 말이 너무 없고, 어머니는 말이 너무 많아요. 어느 장단에 나를 맞춰야 할

위 사례의 부모는 정반대인 것처럼 보이지만, 사실 같은 방식
으로 아들을 대하고 있다. 한마디로 아이에게, 아니 이제 어른
이 된 아들에게 대화의 '주도권'을 전혀 주지 않고 있는 것이다.

그렇지 않아도 변변한 직업도 없어 자존감이 떨어져 있는 아
들은, 부모에게 열등감 혹은 죄송함을 느끼고 있었지만, 그것을
어떤 식으로 어떻게 표현해야 하는지 몰랐다. 치료자와는 우선
아들과 상담을 하면서 부모님과 편지 주고받기, 메모판에 쪽지
를 붙여 의사소통하기, 아들이 평소 잘하는 SNS 메시지 주고받
기, 감정 이모티콘 보내기 등을 해보면서, 부모와의 의사소통 기
회를 조금씩 늘려나가기로 했다.

부모는 편지 주고받기에 대해서는 흔쾌히 허락했지만, 컴퓨터
SNS, 이모티콘 등을 주고받는 일에 대해서는 거부감을 보였다.
치료자는 그것이 아들의 과도한 컴퓨터 이용에 대한 거부감 때
문인 줄 알았으나, 사실 부모가 컴퓨터 사용에 대한 막연한 두려

움이 있어서임을 알아냈다. 이후 부모에게 컴퓨터, 인터넷에 대한 간단한 교육과 실습도 실시되었다. 부모의 컴퓨터에 대한 막연한 두려움이 해결되면서, 아들에 대한 선입견적 태도도 크게 변하게 되었다. 부모는 아들의 행동을 좀 더 이해하게 되었으며, 아들 역시 부모에 대한 자신의 잘못된 고정관념을 바꾸어보려고 노력하는 모습을 차츰 보이기 시작했다.

아들은 아버지가 지인을 통해 구해준 정육점에서 일을 하기 시작했다. 치료자는 새벽 일찍 일어나 저녁 늦게까지 일해야 하는 곳이라 과연 아들이 일을 꾸준히 할 수 있을까 걱정이 되었다. 그래서 두 사람에게 두 시간에 한 번씩 아주 간단한 확인 문자를 주고받는 방법을 제안했다. 아버지와 아들 모두 흔쾌히 받아들였다. 6개월이 지났을 때 아들은 일을 하느라 집에서 게임하는 시간이 줄어들었고, 부모 자식 간의 대화는 현저하게 늘어났다.

"전 게임 중독 아니에요. 가족들한테 받는 스트레스 때문에, 할 일이 없어서 하는 거예요. 부모님한테는 기대할 게 없어요." G군은 자신은 단지 독립을 원할 뿐이라며 이렇게 이야기했다. G군은 가족 상담은 필요하겠지만 부모님에게 기대할 것이 없고 신뢰가 없기 때문에 효과가 없을 것이라고 말했다. 아버지는 자수성가하여 현재 사업을 하고 있으며 고집이 세고 권위주의적이며 사소한 것에도 혼을 내며 자신에게만 무뚝뚝하다고 했다. 또 어머니는 평소 신경질적인 말투로 짜증을 많이 내는 스

치료자는 게임에 대한 이야기보다는 G군이 늘 이야기하는 공부를 주제로 면담을 실시했다. 과연 네가 원하는 성적은 어느 정도인지, 부모가 원하는 성적은 어느 정도인지, 공부를 잘해야 하는 이유가 무엇인지 같은, 가장 기본적이면서도 궁극적인 목적과 방법에 대해서 질문했다. 그런데 놀랍게도 그는 이런 근본적인 질문에 제대로 된 답을 하나도 하지 못했다. 심지어는 부모의 기준마저도 제대로 파악하지 못하고 있었다.

개인 상담과 가족 상담을 통해 이런 근본적이고 기초적인 부분부터 해결해나갔다. 막연한 자기 자신에 대한 기대감과 부모의 압박을 구체적으로 만들어주는 작업을 실시했다. 물론 가족

치료를 통해서 부모의 기대와 목표를 조심스럽게 조절하여 알려줌으로써, G군의 계획 수립에 약간의 힌트를 주기도 했다. 그러자 G군은 자신의 부적절한 방법을 인식하고 바꾸어보려 노력했으며, 학업 계획을 세우고 다시 재수학원에 등록하여 수능 준비를 시작했다. 구체적이고 세부적인 목표가 자연스럽게 생기게 된 것이다. 당연히 게임 이용 시간이 줄어들고 일상생활은 규칙적으로 돌아왔다.

H군은 학교 수업을 도저히 따라가지 못해서 고등학교 1학년 때 자퇴를 했다. 이후 집에서 게임만 하며 지내게 되었다. H군은 중학교 때부터 아버지와 게임 문제로 사이가 좋지 않았다.

아버지는 아들에게 조금이라도 가까이 다가가려 대화를 시도해보았으나, 결국 마지막에는 화를 내고 끝내버리는 상황이 대부분이었다. H군은 아버지가 말을 걸어오면 자기 나름대로 대답을 해보려고 했다. 하지만 막무가내인 아버지의 요구에, H군은 아버지를 무시하는 게 편하다고 생각을 하게 되면서부터 대화가 단절되었다. 옆에서 이를 안타깝게 지켜보던 어머니는 어떻게 해서든 아버지와 아들의 관계를 해결하려 노력했지만, 그 결과 아들은 오히려 어머니와도 대화를 거의 하지 않게 되었다.

H군은 늘 방문을 걸어 잠그고 있었다. 화가 난 아버지는 씩씩거리다가 잠긴 아들의 방문을 발로 몇 차례 걸어차기도 했다.

치료자는 아버지, 어머니, H군을 각각 상담했다. 그리고 아버지와 아들의 관계를 직접 회복시키려 하기보다는 일단 아들과 어머니의 관계를 회복시키고, 그 회복된 좋은 관계 속으로 아버지를 끌어들이자는 계획을 세우게 되었다. 그런데 문제는 아들과 어머니 사이에도 대화나 관계를 지속적으로 끌고 갈 만한 소재와 목표가 없었다는 것이다.

먼저 이들이 서로 들으려 하지 않았던 각자의 입장을 듣고 이해를 높이는 작업의 시작으로 가족 오프라인 활동을 적극 추천했다. 밖에 나가서 같이 영화도 보고, 프로게임장에 가서 구경도 가고, 외식도 하는 등 소재가 없는 둘 사이에 다양한 활동을 제안했다.

이후 H군은 소위 부모 자식 간의 관계를 조금씩 회복하고 자신감을 가지게 되었다. 아버지와는 아직 서먹하나 어머니와 대화가 늘어났으며, H군 본인이 검정고시 학원과 운동을 다니고 싶다고 하여 등록했다. 이처럼 해야 할 일들이 생기면서 게임도 하루 일과를 마친 후 자기 전에 하는 것으로 조절되어 게임 이용 시간이 줄어들게 되었다.

가장 흔한 집단 치료 프로그램들은 인지행동 치료적 모델을 응용하고 있다. 앞에서 잠깐 소개했지만 도박 중독과 알코올 중독의 인지행동 치료 프로그램을 기초로 한 게임 중독 인지행동 치료 프로그램이나 현실 치료 이론에 기반한 인터넷 중독 치료 집단 프로그램 등이 있다. 이들 프로그램을 시행한 결과, 인터넷 이용 시간과 갈망이 줄어들 뿐만 아니라 자존감과 자아 능력이 향상되었다고 보고된 바 있다.

인터넷 중독을 위한 집단 치료 프로그램들을 몇 가지 소개해 보겠다. 고려대학교 이형초 박사 등은 도박 중독과 알코올 중독의 인지행동 치료 프로그램을 기초로 '청소년을 위한 게임 중독

인지행동 치료' 프로그램을 개발했다. 이들은 이 프로그램을 시행한 결과 통제집단과의 비교에서 게임 중독 진단 척도 점수가 줄고, 이용 시간이 감소하고 학업 태도나 부적응적 행동, 부적응적 정서 경험에서 향상된 바가 있다고 보고했다. 다음은 이들이 개발한 프로그램의 내용이다.

게임 중독 인지행동 집단 치료 프로그램

회기	회기명	주요 과제
1	프로그램 소개	치료 동기 향상, 게임 이용 패턴 및 게임 이용 심리 기제 이해
2	생활 변화 탐색하기	게임 중독 후 장단점 파악하기, 게임 중독 후 결과 예상
3	시간 사용 및 목표 설정하기	시간 관리 계획 작성, 강화, 보상과 처벌 이용하기
4	부정적 사고 및 의지 약화 사고 파악 및 수정하기	게임 통제 자신감 향상, 부정적 사고 확인 미래 꿈 확인하기
5	대안 행동 찾기, 나를 자랑하기	자기 장점 인식하기, 대안 행동 찾기, 중간 평가하기
6	스트레스 관리하기	스트레스 파악 및 대처하기, 즐거운 행동 목록 작성하기
7	가족 및 친구와 갈등 해결하기	게임과 관련된 대인관계 문제 찾고 해결하기 가족과의 관계 회복하기
8	성공 요인과 방해 요인 확인하기	성공 및 방해 요인 파악하기, 시간 관리 계획 재작성 하기 게임 조절에 대처하는 심리 기제 파악하기
9	남은 문제 확인하기	게임 조절 행동 파악하고 정리하기 남아 있는 어려움 파악하기, 정리

(출처: 이형초, 인터넷 게임 중독의 인지행동 치료 프로그램 개발 및 효과 검증, 2002)

다른 치료적 집단 프로그램으로 현실 치료 이론에 기반한 인터넷 중독 치료 집단 프로그램이 있다. 우리나라에서도 현실 치료 모델에 기반해서 8회기의 중독 청소년 집단 치료를 시행한 바 있는데, 인터넷 중독 수준이 감소하고 자기효능감과 정신건강 수준이 향상되었다고 보고되었다. 다음은 그 프로그램 내용이다.

인터넷 중독 현실 치료 집단 상담 프로그램

회기	회기명	주요 과제
1	소개	친밀감, 소속감 형성
2	욕구 탐색	기본 욕구 파악
3	좋은 세계와 지각된 세계	세계 파악, 비교 및 변명하지 않기, 책임지기
4	행복은 선택	인터넷과 관련된 자신의 행동 탐색
5	부정적 선택과 불행의 시초	인터넷 사용과 부정적 선택, 긍정적 행동
6	계획 세우기	행복한 삶을 위한 계획 짜기
7	내 삶의 주인은 나	진정한 욕구 탐색 및 삶의 계획 세우기
8	종결	새로운 다짐과 격려

(출처: 백점순, 현실요법 집단 상담 프로그램이 인터넷 중독 고등학생의 중독 수준과 자기효능감, 내부-외부 통제성 및 정신건강에 미치는 효과, 2005)

일부 전문가들은 인터넷 게임 중독이라는 현상을 잘 아는 치료자가 많지 않고, 이것이 공존 질환이나 선행 병리의 치료만으로 호전되지 않으며, 무엇보다 일상생활에서 인터넷을 사용하지 않고 지내기란 거의 불가능하기 때문에 인터넷 중독 상담의 어려움을 호소한다. 한 전문가는 인터넷 중독 청소년을 위한 초기 면접에서 게임과 관련된 심층 면접이 중요하다는 것을 강조하면서, 이 초기 면접에서 게임과 게임 자체의 요소들에 관한 조사가 필요하며, 게임의 종류에 따라 치료적 접근법이 다를 수 있다고 말한다.

또 치료 실패 요인으로는 공존 질환이나 선행 병리가 나아지면 모두 나아질 것이라는 가정이나, 중독을 지나치게 강조한 결과로 인한 치료적 관계 맺기의 실패, 부모 교육의 실패, 현실의 대안 활동이나 대인관계를 재구성하는 것의 어려움 등이 흔히 지적되고 있다.

지금까지 살펴보았듯이, 인터넷 게임 장애로 인해 고통받는 부모, 자녀들을 위한 치료가 절실한 시점이다. 중요한 것은 인터넷 중독을 치료하는 것뿐만 아니라, 개인의 스트레스와 가족 갈등 문제들을 제거하는 것이 치료의 목표라는 것이다.

여러 번 강조했지만 인터넷 게임 장애를 치료하기 위해서는 다각적이고 총체적인 방법이 모두 동원되어야 한다. 공존 질환이나 갈망 욕구 감소를 위한 약물 치료, 개인 정신 치료, 가족 치료는 물론 청소년기에 가장 유용하다고 알려진 집단 치료가 함께 실시되어야 한다.

이를 위해 우리 필자들은 인터넷 게임 장애 인지행동 치료 전략 매뉴얼을 개발하여 현재 중앙대병원 게임과몰입상담치료센터 내원자를 대상으로 적용하고 있으며, 긍정적인 결과를 얻은 바 있다.

게임과몰입상담치료센터에 상담을 의뢰한 사람 가운데 집단 치료의 대상자가 되어 실질적으로 참여하는 인원은 해마다 30~40명가량 늘어나는 추세이며, 그룹의 수도 많아지고 있다. 집단 치료는 청소년기 또래문화를 이용하는데, 필요 시 가족 치료를 병행하여 치료의 효과를 높일 수 있다. 인터넷 게임 장애 인지행동 치료 전략 매뉴얼은 총 12회기로 구성되어 있으며, 각 회기당 목표 및 주요 내용은 다음과 같다. 차례대로 살펴보자.

회기	목표 및 주요 내용
1	치료 프로그램 소개 및 치료 목표 설정하기
2	인터넷 게임 장애 인식하기
3	스트레스 관리하기
4	게임 욕구 통제감 증진시키기
5	자존감 향상시키기
6	인생의 목표 찾기
7	가족관계 파악하기
8	건강한 가족 인식하기
9	가족의 해결 방안 찾아가기
10	가족 내 갈등 해결 경험하기
11	주변의 도움 찾는 방안 모색하기
12	꿈을 찾아 떠나는 여행

처음 치료에 참여하는 내원자들을 대상으로 오리엔테이션하는 시간을 갖는다. 먼저 집단 치료 진행자를 소개하고 내원자들도 서로 자기소개를 한다. 그리고 인터넷 게임 장애의 심각성을 확인하고 치료의 필요성을 인식하는 시간을 갖는다.

이를 테면 게임 이용에 대한 구체적인 사항(이용 유형, 시간, 최초 이용 시기, 이용 기간)을 이야기 나누고, 게임 과다 이용의 문제와 이로 인해 불편했던 감정을 표현해본다. 또한 게임으로 인해 주변 사람들과 생긴 구체적인 문제에 대해 탐색해보고, 게임이 아닌 다른 이유로 생긴 문제에 대해서도 이야기해본다. 인터넷 게임 장애 치료의 필요성을 인식하게 되면 내원자들은 각자 참가 서약서를 작성하게 된다. 참가 서약서의 내용은 다음과 같다.

- 나는 12주간의 치료 프로그램을 이해하며, 전체 치료 시간에 참여할 것에 동의합니다. 만약 치료 중단을 원한다면 사전에 치료자와 논의할 것입니다.
- 나는 치료 모임에 정확한 시간에 참석할 것이며, 만약 불가피하게 참석하지 못하거나 늦게 되는 경우에는 사전에 치료자에게 연락할 것입니다.
- 나는 이 치료 모임이 인터넷 게임 장애를 치료하기 위한 모

임임을 이해하며, 게임 이용 자제가 지속되도록 노력할 것입니다.

- 나는 인터넷 게임을 과다하게 이용하지 않은 상태로 이 모임에 참석하겠습니다.
- 나는 치료 시간에 논의된 기술을 생활에 적용시켜 연습할 것이며, 치료자와 논의할 과제를 성실하게 해 올 것입니다.

2회기: 인터넷 게임 장애 인식하기

두 번째 시간으로, 게임 이용의 장점과 단점을 평가해본다. 내원자들은 과거 자신의 습관을 돌이켜보고, 앞으로 생겨날 결과를 미리 예상해보도록 한다.

뿐만 아니라 '인생 지도'를 그리는 시간을 통해 지금까지 자신이 살아온 삶을 지도로 표현해보게 한다. 자신의 인생 지도를 다른 내원자들에게 설명하며, 다른 사람의 사례와 자신의 사례를 비교 토론하고 공감하는 시간을 갖도록 한다. 마무리 시간에는 각자의 미래에 대한 좋은 생각들과 불쾌한 생각들을 적어 오도록 과제를 전달한다.

3회기: 스트레스 관리하기

세 번째 시간에는 부적응적 스트레스에 대처하는 능력을 기르도록 한다. 크게 외현화된 집단과 내현화된 집단으로 나누어 접근할 수 있는데, 이는 증상 및 치료의 방향이 다르기 때문에 내원자 각자에 맞는 관리법을 구축해야 한다. 충동-공격성을 보이는 외현화 집단의 경우 이를 통제하는 방향으로 진행되며, 우울-불안의 감정을 보이는 내현화 집단의 경우 이를 해소하는 방향으로 진행된다.

외현화 집단은 먼저 스트레스의 신체적 증상을 자각하는 훈련을 시작한다. 이런 바디스캔 훈련은 편안한 자세와 호흡을 찾아 눈을 감고 몸의 감각에 집중하여 머리끝부터 발끝까지 천천히 옮겨가면서 주의를 집중하는 식으로 진행된다. 긴장이나 압박감 또는 통증이 느껴지는 근육이 있는지 살펴보고 배, 어깨, 등, 목 같은 부위에 긴장이 느껴지면 그 부위에 집중해본다.

"내 몸에서 가장 긴장된 부위는 어디인가?" "이런 긴장이 얼마나 오래된 것 같은가?" "무엇이 긴장을 유발하고 있는가?" "최근에 어떤 스트레스를 겪었나?" 등의 질문을 던지며 스스로를 탐색해본다. 그런 다음 심상 훈련을 통해 생각과 감정, 그리고 신체 감각을 연결 지어본다.

예컨대 이런 식이다. "눈을 감고 가장 좋은 공간을 상상해보십시오. 마음속으로 그곳이나 그 사람을 세세하게 살펴보십시오.

구체적으로 좋은 것을 관찰합니다. 그것과 함께하고 있는 당신의 모습을 느껴보십시오. 어떤 기분과 느낌인지를 확인하십시오. 이제 자신의 몸에서 느껴지는 신체 감각들을 살펴보십시오. 긴장감이나 이완감이 느껴집니까? 열려 있는 느낌입니까, 닫혀 있는 느낌입니까? 몸의 모든 감각들을 살펴보고 느낌에 주의를 기울여보십시오."

이렇게 심상 훈련을 마치고 나면 스트레스 요인들의 목록을 작성해본다. 스트레스가 신체에 미치는 영향과 건강을 기록하고 발표해본다. 스트레스 상황에 대처하는 긍정적인 방법과 스트레스를 처리하지 못했을 때 나타나는 행동을 알아보기 위해 각자 스트레스를 적어낸 뒤 제비뽑기로 상황을 선택하여, 이에 대한 해결책을 제시해보고 함께 의논해본다. 스트레스 상황에 대한 자동 사고를 기록해보고, 합리적인 생각과 반응은 어떤 것인지 구체적으로 적어본다.

예를 들어 어떤 일로 스트레스를 받아 게임을 하고 있는데 '그만 자'라는 엄마의 말에 자동 사고로는 '아 또 잔소리야'라고 반응할 수 있는 반면, 이에 대한 합리적인 생각은 '그래 엄마가 내 몸이 안 좋아질까 봐 걱정하시는 거야'라는 것으로 그에 대해 '7시까지만 하고 끝낼게요'라고 반응할 수 있을 것이다. 이렇게 '자동 사고 및 합리적인 생각'과 관련해 한 주 동안 스트레스 상황에 대한 다이어리를 작성하도록 과제를 내주고, 갈망감에 대한 이야기를 해본다.

갈망감은 게임 충동이라고도 하며, 대부분은 치료 초기에 경험하게 되지만 게임을 끊고 나서도 몇 주, 몇 달, 심지어는 몇 년까지도 종종 나타날 수 있다. 갈망감은 불편한 것이기는 하지만 흔히 경험할 수 있는 것이고 정상적인 반응이다. 우리는 갈망감이 언제든지 발생할 수 있다는 것을 예상하고, 갈망감이 발생했을 때 잘 대처할 수 있도록 미리 대비해야 한다.

갈망감은 특히 게임 생각을 떠올리게 하는 환경 속에서 촉발될 수 있다. 신체적 신호로 온몸에 나타나는 긴장감이 있고, 심리적 신호로 게임과 관련된 좋은 느낌의 증가 등이 있다. 갈망감이 촉발되면 과거에 게임을 즐겨 하던 때를 기억하거나, 어떻게 하면 PC방을 갈 수 있을지를 계획한다거나 또는 게임이 필요하다고 느끼게 된다.

그런데 이런 갈망감은 시간의 제한을 받는다. 다시 말해 길어야 몇 시간만 지나면 사라진다는 것이다. 견딜 수 없을 때까지 꾸준히 증가한다기보다는, 대개 몇 분 정도 후에 최고치에 달했다가 하강 곡선을 그린다. 이것은 마치 파도와도 같아서 대처하는 법을 학습함에 따라 점점 발생 횟수가 줄어들고 강도가 약해질 것이다.

이 갈망감은 게임에 직접적으로 노출되는 경우, 이를테면 친구와 PC방에 간다거나 게임TV를 시청함으로써 유발될 수 있다. 게임과 쉽게 연관되는 사람이나 시간, 상황을 접하는 것 또한 흔한 유발 인자로 작용한다. 그리고 특정한 종류의 부정적 감정(분노, 스트레스)과 심지어 긍정적 감정(의기양양, 성취감) 또한 유발 인자로 작용 가능하다.

갈망감을 다루는 가장 쉬운 방법은 애초에 유발 인자를 피해 버리는 것이다. 예를 들어 집 안에서 컴퓨터를 치워버리거나 게임하는 친구를 되도록 만나지 않는 것이다. 갈망감을 피할 수 없다면 그에 대한 올바른 대처 방법이 필요하다. 먼저 자기 스스로를 관찰할 수 있는 '게임 충동 일일 기록표' 같은 것이 도움을 줄 수 있다.

또 기분 전환을 위해 다른 활동에 참여하는 것도 방법이다. 책 읽기, 영화 감상, 조깅, 자전거 타기 등, 기분 전환을 할 수 있는 다른 어떠한 것에 관심을 가지게 되면 충동이 사라지는 것을 발견할 수 있다. 또한 갈망이 생길 때 친구나 가족에게 전화를 하거나 만나서 그것에 대하여 이야기하는 것도 좋다. 갈망과 충동에 대하여 이야기하는 것은 갈망을 유발하는 요인을 찾아내고 대처하는 데 큰 도움이 될 수 있다.

많은 사람들이 게임 충동을 이를 악물고 참고 견디는 것으로 극복해보려고 노력한다. 그런데 어떤 충동들은 너무 강력해서 떨쳐버릴 수가 없다. 이럴 때는 충동이 지나갈 때까지 파도 타는 상상을 해본다. 게임에 대한 충동을 강한 힘으로 거부하기보다는 조절하는 방식으로 받아들이는 것이다.

'충동의 파도타기'를 하는 방법은 다음과 같다. 먼저 갈망을 어떻게 경험하는지 목록을 작성한다. '나의 갈망감은 손을 향하고,

머리로 전달된다'는 식이다. 그리고 갈망을 느끼는 신체 한 부분
에 집중하여 구체화시킨다. '마음이 뜨겁다. 근육이 긴장되어 있
다'는 식이다. 그런 다음 갈망을 느끼는 몸의 각 부분들 하나하
나에 집중하고 이를 반복한다.

마지막으로 긍정적인 혼잣말로 충동을 다루기 쉽도록 한다.
예를 들면, '내 마음이 게임을 하지 않겠다고 결심하긴 했지만,
내 몸이 그렇게 되기까지는 시간이 좀 걸릴 거야. 충동이 오면
편안하지는 않지만 15분만 버텨보자. 그럼 다시 괜찮아질 거야'
같은 식으로 표현을 하는 것이다. 이렇게 함으로써 게임에 대한
갈망을 줄일 수 있다.

그런가 하면 우울-불안의 감정을 보이는 내현화 집단의 경우,
스트레스를 다루기에 앞서 자신의 감정 상태를 알아차리는 '감
정 단어 카드'를 사용하도록 한다. 한 주 동안의 감정을 어떠한
상황에서 어떠한 감정을 느끼는지 함께 찾아보도록 한다.

예를 들어보자. "취직자리를 알아보아야 하는데, 못 하고 있는
현재 나의 상태에 대해서 나는 형편없는 사람이라고 자동적인
사고를 하게 되었다. 이에 불안감과 무기력감이 있었고, 잠만 자
거나 게임 과몰입 상태에 빠져들게 되었다."

나열해놓은 단어 카드에서 이럴 때 갖고 싶은 혹은 현재 부족
한 감정을 고르게 함으로써 긍정적인 사고를 갖는 훈련을 해본
다. 감정 단어 카드는 아래와 같이 제시할 수 있다.

포용, 성실, 진솔함, 믿음, 유연성, 열정, 정의감, 배려, 예의, 이상, 헌신, 용기, 겸손, 소신, 사랑, 이해, 감사, 절제, 존중, 화합, 친절, 자율, 협력, 여유, 공감, 접촉, 경청, 관심, 직관, 책임감, 배움, 즐거움, 성찰, 도전, 결단, 희망, 온정, 지혜, 우애, 청결, 자유, 인내, 정직, 긍정

또 내현화 집단에는 '스트레스 관리를 위한 7가지 지침'을 주고 한 주 동안 다이어리에 기록하고 훈련하도록 과제를 제시한다. 7가지 지침은 다음과 같다.

첫째 자신의 기분 변화에 주의를 기울인다. 만약 슬픔, 수치심, 지루함, 외로움 등이 들기 시작하면 무슨 일이 있었고, 그 느낌은 어떠했는지 생각해보아야 한다. 이것은 생각의 중요한 단서가 된다.

둘째 자신의 느낌을 고백한다. 만약 자신의 느낌을 인지하는 데 어려움이 있다면 그것을 이야기해본다. 그 순간에 어떤 느낌이 있었는지 솔직하게 다른 사람들에게 이야기해본다.

셋째 신체에 주의를 기울인다. 신체적 표현은 감정에 있어 중요한 신호다. 자세나 얼굴 표정 그리고 걸음걸이나 움직임은 어떤지 주목해본다.

넷째 회피 행동을 표시한다. 전에는 즐겼지만 지금은 피하고 있는 사람들, 혹은 장소나 활동 중에 경계하는 것들이 있는지, 만약 그렇다면 언제 피하게 되는지 주의를 기울여보도록 한다.

다섯째 언제 자신감이 사라졌는지 확인한다. 언제, 어디에서 다른 사람들에게 도움을 청했는지, 전에는 스스로 문제를 해결

할 수 있었는지 자신에게 물어본다. 예전에는 할 수 있었지만 지금은 하지 못하는 것을 생각해본다. 기억할 것은 이런 자신감의 상실은 우울증의 한 증상이라는 것이다.

여섯째 많은 노력이 드는 활동을 검토한다. 예컨대 전화를 거는 데 힘이 많이 드는지, 걷거나 움직이는 데 어려움이 있는지 등을 과거의 활동과 비교하여 생각해본다.

일곱째 집중하거나 결정을 내리는 데 어려움이 있는지 살핀다. 간단한 결정을 내리는 데도 망설이고 있거나 나중에 자신을 비판하고 있는지 확인해본다.

4회기: 게임 욕구 통제감 증진시키기

이번 시간에는 자기 스스로를 관리하는 능력을 향상시키고 자기 관리 능력을 증진시키기 위한 습관을 만드는 훈련을 한다. 구체적인 자기조절 방법은 다음과 같다.

먼저 변화하고자 하는 행동을 결정한다. 예컨대 '인터넷을 하루에 2시간씩만 했으면 좋겠다' 하는 식이다. 그러고 나서 목표 행동을 실제 생활에서 얼마나 실천하고 있는지 관찰한다. 그런 다음 목표 행동으로 바꾸는 것이 어려운 이유를 파악해본다. 예컨대 게임을 하면 스트레스가 해소되기 때문에 쉽게 중단하기 어렵다는 것이 그 이유가 될 수 있다.

마지막으로 목표 행동으로 바꾸는 것의 장점을 생각해본다. 그 시간에 독서, 운동, 야외 활동 등을 하며 유익하게 보낼 수 있다는 것이 그 장점이 될 수 있다.

자신을 통제하기 위한 방법을 한 주 동안 적용하기 위해 목표를 설정해본다. 예를 들어 게임을 주중에는 2시간씩만 하다가 주말에는 3시간으로 늘리는 방법이 있는데, 이는 단계적으로 통제 가능한 범위 내에서 설정하도록 한다.

이후 설정한 목표를 달성하는 경우에는 자기 보상을 하게 한다. 보상으로는 목표를 지킬 때마다 외출 시간을 30분 정도 늘리는 방법이 있고, 처벌로는 목표를 지키지 못한 경우 컴퓨터를 켜지 않는 방법이 있을 수 있다. 과도한 목표는 좌절을 야기할 수 있으므로 중간에 목표 수정을 가능하게 함으로써 성공률을 높이도록 한다.

5회기: 자존감 향상시키기

다섯 번째 시간에는 자신에 대한 이해를 높이고 자존감을 향상시키는 훈련을 한다. 먼저 자아 존중감이란 무엇이고, 왜 중요한지 토론해본다. 자존감에 영향을 주는 내부적인 요인으로 비합리적인 신념과 왜곡된 인지 편향 등이 있을 수 있고, 외부적인 요인으로는 실패의 경험, 부정적인 피드백, 방임, 정서적 지지 결여, 수용 경험의 부재 등이 있을 수 있다. 각 치료 그룹에 따라 다음의 단계 중 어떤 단계에 초점을 맞출지 결정한다.

1단계는 자기 이해와 탐색 시간으로, 자신의 자아상을 찾고 강점과 약점을 알아본다.

2단계는 자신을 개방하는 시간으로, 긍정적인 모습과 부정적인 모습을 노출한다. 손인형을 이용하여 자기를 투사하는 방법을 사용할 수 있다.

3단계는 자기를 수용하는 시간으로, 자신의 단점에 대해 불만족스럽고 불행감을 느꼈던 부분을 다루게 된다. 마음속 기준을 버리고 단점을 장점으로 전환시키는 훈련을 통하여, 스스로 자신을 지지하고 정서적으로 수용하는 습관을 기르도록 한다.

4단계는 긍정적인 이미지를 형성하는 시간으로, 미래 일기나, 미래 뉴스 등을 통하여 미래의 자기 이미지를 구축해나가는 창조적인 활동을 한다.

마지막으로 비합리적인 신념에 대하여 알아보고 각자의 생각과 어느 정도 일치하는지 표시해본다. 예컨대 주위의 모든 사람들로부터 항상 인정받아야 한다는 생각, 모든 면에서 유능하고 남보다 뛰어나야 한다는 생각 같은 것이 있다. 또 야비한 행동을 하는 사람은 반드시 저주와 처벌을 받아야 한다는 생각, 내가 바라는 대로 되지 않은 것은 무시무시한 파멸이라는 생각, 사람의 불행은 외부 환경 때문이고 그것은 통제할 수 없다는 생각, 위험하거나 두려운 일은 항상 일어날 가능성이 있다는 생각도 있다.

또한 인생에 있어서 어려움이나 책임은 직면하는 것보다는 회피하는 것이 더 쉬운 일이라는 생각, 타인에게 의존해야만 하고 더욱 강한 누군가를 따라야 한다는 생각도 있다. 과거의 영향에서 결코 벗어날 수 없다는 생각, 주위의 다른 사람이 문제나 곤란에 처한 경우 자신도 당황할 수밖에 없다는 생각, 모든 문제에는 가장 적절한 해결책이 있는데 이를 찾지 못하면 파멸이라는 생각 등이 비합리적 신념에 해당한다.

6회기: 인생의 목표 찾기

이번 시간에는 인생의 목표 설정 및 진로 탐색의 방해 요인과 촉진 요인을 탐색해보고, 목표를 설정하는 연습을 해본다. 먼저 각자의 시점에 따라 인생의 목표를 잡아보는데, 과거에 꿈이 있었는지 혹은 현재에 꿈이 있는지를 스스로에게 질문해본다.

먼저 인생의 목표 설정 및 진로 탐색의 방해 요인으로는 부모와의 불안정한 애착, 모델링의 부재, 미래 관점의 부족, 역기능적 진로 사고, 인생 목표 설정 기회의 부족, 자기 통제감의 상실(타인에 의한 결정) 등을 꼽을 수 있다. 반면 촉진 요인으로는 자율성, 자기 유능감, 사회적 지지, 성공 경험 등이 있다.

방해 요인을 수정하기 위해 자신에게 필요한 것과, 촉진 요인을 증가시키기 위해 필요한 것을 토론해본다. 다음은 목표를 구체적으로 정하기 위한 과정으로, 인생 목표 설정에 중요한 요인을 생각해본다. 자신에 대한 고려로는 흥미, 능력, 환경적 요인을 들 수 있고, 직업에 대한 고려로는 경제적인 보상이나 사회적인 인정, 그리고 안정성 등을 들 수 있다.

또한 직업군과 그것을 이루기 위해 필요한 소양도 생각해본다. 목표를 구체화하기 위한 방법으로는 멘토링이나 인터넷 검색 혹은 브레인스토밍을 통한 정보 탐색을 우선시할 수 있으며, 직업카드나 진로 지도를 통해 조직화할 수 있다.

인생의 목표를 정함에 있어서 실현 가능성 있는 목표를 설정하기 위해 흔히 빠질 수 있는 오류도 체크해본다. 먼저 '비하형'은 자신에 대해 부정적으로 생각하고 미래가 잘못될 것 같다고 여기는 것이다. 좋은 일을 무시하고 그 중요성을 떨어뜨리며 파국적인 결말을 예상하는 것이다.

다음 '과장형'은 흑백논리로 판단하는 것과 부풀려 생각하는 것, 그리고 나쁜 일을 눈덩이처럼 불려서 생각하는 것이 그 예가 될 수 있다. '실패 예측형'은 다른 사람의 생각을 이미 알고 있다고 착각하는 것이나 일이 잘못될 것이라고 기대하고 있는 것을 말한다.

마지막으로 '스스로 실패자를 만드는 형'은 완벽에 대한 추구와 그에 따른 실망감, 이것 아니면 저것을 골라야 한다고 느끼는 압박감, 또 나는 이것을 반드시 해야 한다는 생각이 이에 해당한다. 이러한 부정적인 생각을 스스로 점검해보고 피해갈 수 있도록 지도한다.

7회기: 가족관계 파악하기

　이제까지의 과정이 자아 탐색 및 목표 설정의 단계였다면, 7, 8, 9, 10회기는 가족관계의 회복에 관한 단계로 볼 수 있다. 인터넷 게임 장애를 겪는 사람들에게 필요한 것 중 하나는 진정한 가족관계의 구축이다. 이번 시간에는 가족 구성원 간의 상호관계를 파악하고 원하는 가족의 모습을 구체화하여 목표를 설정하게 된다.

　먼저 가족의 상징화 작업을 통해서 가족관계를 파악할 수 있다. 자신의 어린 시절부터 현재까지를 생각하면서 가족 구성원들을 떠올려보게 한다. 각 가족 구성원을 여러 가지 도형과 색깔로 이미지화해보고, 그 느낌을 나누어본다.

　그런 다음 떠올린 가족의 상징 및 그 관계를 화살표 등의 기호를 사용하여 표시해본다. 이때 긍정적인 관계는 빨간색으로, 부정적인 관계는 파란색으로, 외적 표현은 실선으로, 내적 표현은 점선으로 표시하게 한다. 마지막으로 각자 그린 가족 구성원 사이의 관계를 이야기해본다. 부모 자녀와의 관계, 가족에 대한 감정, 대립되는 가족 구성원, 그리고 가장 불만을 느끼는 부분이 무엇인지 토론해본다. 각자 이루고 싶은 목표를 설정하며 회기를 마친다.

8회기: 건강한 가족 인식하기

여덟 번째 시간으로, 가족의 의미를 알고 건강한 가족이 되기 위한 올바른 의사소통 방법을 익히는 단계다. 가족에 대한 이해를 높이기 위하여 가족의 정의, 건강한 가족의 전제 조건, 건강한 가족의 특징, 건강하지 못한 가족의 특징을 알아본다. 효과적인 의사소통을 위해 자신이 원하는 화제로 전환하여 깊이 있는 대화를 나누어봄으로써 메시지를 전달하는 기법을 익히게 된다.

가족 구성원 사이에서 효과적으로 적용해볼 수 있는 의사소통 방법으로 '"나" 메시지 방법'이 있다. 이는 상대방의 행동에 대해 느끼는 감정만을 단순히 진술하는 방법을 말한다. 이렇게 감정을 솔직히 담은 표현을 함으로써 상대방에게 현재 자신의 감정을 전하고, 이후 경청하는 화법으로 전환시킬 수 있어 상호 이해의 장을 열어가게 된다.

그리고 우리 가족의 상태는 어떠한지, 어떤 마음가짐을 가지고 노력을 해야 할지 등에 대해 이야기해본다. 또 자신의 변화된 마음가짐과 행동이 가족에게 어떤 영향을 미칠지 생각해보는 시간을 갖도록 한다.

9회기: 가족의 해결 방안 찾아가기

이 시간에는 가족 구성원 간의 감정을 공유하고, 희망하는 가족의 모습 등을 탐색해봄으로써 문제의 해결 방안을 찾고 구체화한다. 왜 자신이 변해야 한다고 생각하는지, 상대방의 생각에 대한 느낌은 어떠한지, 상대방이 변화했을 때 자신의 반응은 어떠한지 등을 이야기해본다. 구성원 각자가 희망하는 가족의 모습에 대해 이야기를 나누고, 자신이 변화하고자 했던 모습과의 차이점을 찾아본다.

가족 구성원이 함께 그 차이점을 조율해봄으로써, 구성원 각자가 실행할 수 있는 구체적인 행동양식을 '가족 서약서'로 만들어볼 수도 있다. 도화지를 조각내서 각 부분에 가족의 변화되어야 할 모습을 작성한다. 작성한 조각을 한 장으로 합친 후 중앙에 가족사진을 부착하여 가족 서약서를 완성한 다음, 각자의 느낌을 공유한다. 완성된 가족 서약서를 바탕으로 한 주 동안 가족 구성원 각자가 실행해보도록 하고 어려웠던 점을 적어보게 한다.

10회기: 가족 내 갈등 해결 경험하기

지난 시간에 작성한 가족 서약서를 한 주간 실천하면서 어려웠던 점은 무엇이며, 실천했을 때의 느낌은 어떠했는지 알아본다. 또한 변화된 가족 구성원의 모습을 보았을 때 자신의 느낌은 어떠했는지 말해보게 한다.

주로 경험하게 되는 갈등 상황은 무엇이었는지, 그중 가장 힘들었던 문제 상황 한 가지를 놓고 당시 가족이 어떻게 행동했었는지 재연해보며 해결책을 찾아본다. 그리고 갈등 상황을 겪을 때 현재 자신이 사용하고 있는 대처 방법은 무엇인지, 긍정적인 갈등 해결을 위해 실천할 수 있는 대처 방법은 무엇이 있는지 이야기해본다. 끝으로 프로그램 전후 달라진 가족의 모습에 대해 참여 소감을 나누며 회기를 마친다.

11회기: 주변의 도움 찾는 방안 모색하기

이 시간에는 인터넷 게임 장애 재발을 예측하고 대처 방안을 모색해보도록 한다. 치료를 종료하기 전, 그룹 치료를 하면서 호응을 얻었던 면들을 앞으로 실제 생활에 어떻게 적용할 것인지 모색하는 시간으로, 대화 전략의 연습을 통해서 다른 사람들과 지지적인 관계를 만들고 유지할 수 있도록 한다. 특히 주변으로부터 도움받기 원하는 문제를 결정하고 이것을 해결하기 위해 거쳐야 할 과정을 생각해볼 수 있다.

또 도움이 될 만한 사람이 누구인지, 예를 들어 지지적인 사람 혹은 지금은 중립적이지만 지지 가능성이 있는 사람, 게임 문제를 해결하는 노력을 방해할 수 있지만 노력하면 지지자가 될 수 있는 사람 등의 조력자를 찾아본다. 그리고 어떤 유형의 지지를 원하는지 같이 생각해볼 수 있다. 문제를 직접 해결하도록 도움을 주기를 원하는지, 도덕적인 지지를 원하는지, 아니면 부담을 필요에 따라 나눠 가져주는 것을 원하는지 등이 이에 해당된다.

마지막으로 필요한 도움을 어떻게 얻을지 고민하는 시간을 갖는다. 의지하는 관계가 되는 데는 시간과 노력이 필요하다. 필요한 것을 부탁하기, 새로운 지지자를 추가하기, 혹은 다른 사람에게 먼저 도움을 주기, 열심히 듣는 사람이 되기 등 그룹 내에서 서로 피드백을 통하여 도움을 얻는 방법을 모색해본다.

12회기: 꿈을 찾아 떠나는 여행

전체 프로그램의 마지막 시간으로, 프로그램을 마친 후 변화된 점을 확인하고 각 회기 중에 찾은 목표나 꿈을 향한 구체적인 계획을 세워보도록 한다. 각자의 사진을 확대하여 도화지에 붙인 뒤, 그 옆에 구체적인 계획을 적어보도록 한다. 그리고 이를 구성원들에게 설명하여 서로 계획 실행을 위해 필요한 마음가짐을 지지해주는 시간을 갖는다.

우리나라처럼 인터넷 보급률이 높고, 아이들이 부모보다 컴퓨터 및 관련 기기들을 더 잘 다루는 상황에서, 부모가 아이들에게 건전한 인터넷 및 컴퓨터 사용 교육을 시킨다는 것은 쉽지 않다. 하지만 그 교육이라는 것이 설이나 추석 때 지내는 제사처럼 뚜렷한 형식이나 엄격한 규칙이 있어야 효과가 있는 것은 아니다. 아이들이 실천할 수 있는 '현실적인 것'이어야 효과가 있다. 아래 사항들은 건전한 인터넷 사용을 위한, 또 인터넷 중독에 대한 예방법이자 치료법이 될 수 있겠다.

첫째, 우리 부모들은 인터넷 및 게임에 대한 이해가 필요하다. 아이들 사회에서 유행하는 게임은 아이들 사회를 대변한다.

또 아이들 사회의 유행이 변하듯 아이들이 좋아하고 빠져드는 게임의 장르와 종류도 몇 년 간격으로 바뀐다는 것도 알아두어야 한다.

둘째, 급작스럽고 무조건적인 통제는 더 큰 문제를 부른다. '인터넷 게임은 마약이니 절대로 접해서도 안 되고 관심을 가져서도 안 된다' '애초에 시도를 말아야 한다'는 식의 발상은 상당히 위험하다. 과도한 인터넷 몰입은 아이들이 독립적인 시간이 많아지는 시기가 되면서 몰래 숨어서, 혹은 속이면서 시작되는 것이다. 때문에 어려서부터 부모와 약속을 정하고 그 약속된 규칙 혹은 범위 안에서 인터넷 및 게임을 하는 습관을 키우는 것이 좋다. 그렇게 하면 나중에 청소년 시기가 되어서는 부모와의 약속이 아니라, 자기 자신과의 약속을 통하여 조절하게 될 것이다.

셋째, '시간'보다는 '시각'이다. 앞에서도 강조했지만 흔히 '하루에 몇 시간'이라는 식으로 게임 이용의 규칙을 정해두는 경우가 많은데, 그것보다는 게임 이용 시각을 정해주는 것이 좋다. 이 편이 조금 더 구체적이고 하루 일과에 방해가 되지 않는다.

예컨대 방학 때 하루 2시간의 게임 시간을 약속 받은 아이가, 오전에 한 시간 하고 오후에 한 시간을 하려고 한다면 게임을 시작하는 시간과 나중에 끝맺는 시간을 정확히 지키기가 어렵다. 특히 끝맺는 시간이 30분, 40분씩 길어지기 쉽다. 그렇게 되면 부모는 다시 시간을 안 지킨다고 아이와 다투게 되고 둘 사이의 게임 이용 시간 약속은 파기될 것이다.

따라서 아이와 게임을 할 수 있는 시각, 즉 시작하는 시간과 끝내는 시간을 정확하게 정해놓는다. 예컨대 오후 8시부터 10시까지는 컴퓨터를 마음껏 이용하게 하는 것이다. 그 시간에는 게임을 하든 채팅을 하든, 웹 서핑을 하든 학교 숙제를 하든, 아이가 마음대로 사용할 수 있는 시간이다. 그런 다음 그 시각을 잘 지키면 상을 주고, 못 지키면 규제를 가하는 것이 좋다.

넷째, 대체 활동에 적극 관심을 가져야 한다. 부모들은 자녀가 게임 때문에 성적이 떨어지고 공부를 안 한다고 걱정한다. 하지만 정작 게임을 대체할 수 있는 활동이 '공부'라고 생각하고 있는 부모는 드물다.

문제는 게임을 좋아하는 아이들 중 상당수가 대체 활동에는 별로 관심이 없고, 소질도 없다는 것이다. 부모들은 대체 활동을 만들어주려고 몇 번 시도하다가 결국 포기한다. 그렇기 때문에 아이들이 조금이라도 더 어릴 때 이 대체 활동에 익숙하도록 도와주는 것이 과도한 게임 이용을 예방할 수 있는 방법이 되는 것이다. 학업 외에 음악, 미술, 체육 등 다른 활동에 관심을 가지는 것이 필요하다.

다섯째, 정부에서 운영하고 있는 인터넷 중독 예방 프로그램을 잘 활용한다. 예방 교육 프로그램들은 대부분 청소년을 대상으로 하며 선별검사를 실시한 후 학교 현장에서 이루어지는 경우가 대부분이다.

대표적인 프로그램으로는 다음 한국정보화진흥원에서 개발

한 프로그램과 한국청소년상담복지개발원에서 개발한 프로그램 등이 있다. 현재 사용되고 있는 인터넷 중독 예방 교육 프로그램은 관계 부처 지원 상담센터에서 운영하는 프로그램과 학교 및 지역 자치 단체에서 진행하는 프로그램 등이 있으며, 프로그램의 포맷은 프로그램 개발자와 진행자에 따라 현재도 계속 변형되고 있다.

이 프로그램들은 대부분 공공기관에서 학교나 지역기관에서의 집단 상담 형태를 기본으로 개발된 것이다. 두 프로그램들은 예방적 측면에서 모두 효과가 있는 것으로 보고되었다.

청소년 인터넷 과다 사용 예방 프로그램(한국청소년상담복지개발원)

회기	회기명	목표
1	위험성 자각	친밀감, 인터넷 중독의 위험성, 인터넷 중독의 과정 알기
2	인터넷 습관 이해하기	인터넷 습관 파악, 인터넷 사용 욕구 파악
3	문제 다루기 스트레스 대처	스트레스 대처 방식 이해하고 찾기
4	건강한 인터넷	스트레스와 인터넷 사용의 관계 알기, 인터넷 과다사용에 대한 가치관 정립, 미래 계획 세우기

청소년을 위한 인터넷 중독 예방 프로그램(한국정보화진흥원)

단계	단계명	회기	주요 과제
1	인터넷 바로 알고 유용하게 사용하기	1	인터넷 중독 및 나의 습관 확인하기
		2	인터넷 사용의 장점, 단점 확인하기
		3	올바른 인터넷 사용법 토론하기
		4	네티켓 학습, 올바른 사용 헌장 만들기
		5	인터넷 사용과 관련된 생각 수정하기
2	인터넷과 관련된 심리적인 문제	6	온라인 오프라인 대인관계 증진하기
		7	인터넷과 더불어 유익한 시간 관리 방법 찾기
		8	스트레스 관리하기
3	즐거운 활동과 꿈 찾기	9	인터넷을 대체할 수 있는 즐거운 활동 찾기
		10	나의 긍정적인 모습과 꿈 실현하기

5장

앞으로 더 생각해보아야 할 것들

인터넷 게임의
긍정적 측면을
어떻게 활용할 것인가

인터넷 게임에 빠져 중독이 되느냐, 이를 잘 활용하여 아이들은 물론 우리 모두에게 도움이 되게 하느냐 하는 것은 선택의 문제다. 앞서 살펴보았듯이 인터넷 게임의 긍정적인 면도 분명 존재한다.

인터넷 게임의 긍정적 측면을 다룬 기존 연구들은 크게 게임의 인지기능 개선, 정서에 대한 영향, 친사회적 비디오게임을 통한 행동 개선 가능성, 기능성 게임의 치료적 효과에 대한 연구 등으로 나누어볼 수 있다. 몇 가지 살펴보자.

인지기능의 향상

2003년 로체스터대학교의 그린C. Shawn Green과 바벨리어Daphne Bavelier는 액션 비디오게임이 시각 기술visual skills에 미치는 영향에 대한 논문을 〈네이처Nature〉 지에 발표했다. 이들은 과거 6개월간 주 4일 이상, 하루 한 시간 이상 액션 비디오게임을 한 게임 사용자군과 게임을 거의 한 적이 없는 비사용자군을 대상으로 다양한 종류의 시각 주의력visual attention을 측정하여 비교했다. 그 결과, 게임 사용자군은 시각 주의력이 향상되어 있는 것으로 나타났다. 또한 비사용자군에게 10일간 하루 한 시간씩 액션게임을 하게 한 결과, 게임 전에 비해 향상되었다고 발표했다.

일리노이대학교 부트Walter R. Boot 연구팀은 2008년 그린과 바벨리어의 연구를 기반으로 하여 게임이 주의력, 기억력, 실행기능executive function 등 보다 광범위한 인지기능에 미치는 영향을 연구했다. 그 결과 지난 2년간 주 7시간 이상 게임을 해온 게임 사용자군은 빠르게 이동하는 물체 추적object tracking, 시각적 단기기억, 주의 전환 및 사고 응용 능력 등의 능력이 비사용자군보다 향상되어 있는 것으로 나타났다. 또 비사용자군에게 4~5주간 15차례의 게임을 시행하도록 한 뒤 게임 시행 전후의 인지기능을 비교한 결과, 대부분의 인지검사에서 의미 있는 변화가 나타나지는 않았지만, 심적 회전mental rotation 능력은 향상된 것으로 볼 수 있었다.

바벨리어 연구팀은 2011년 고찰 논문을 통하여 게임 사용자 군이 비사용군에 비해 인지기술perceptual skills이 향상된 것으로 나타나는 이유가, 원래 우수한 인지기술을 가진 사람들이 자연적으로 비디오게임을 선택하는 경향이 있기 때문이라는 기존 일부 학자들의 주장에 반대했다. 이들은 이미 자질을 가진 개인이 연습을 통해서 그 능력을 향상시켰다면, 그것 또한 명백한 연습의 결과물이라고 강조한 바 있다.

정서 갈등의 해소

흔히 게임은 무료함을 달래거나, 성취감을 맛보거나, 혹은 분노나 스트레스를 해소하기 위한 한 방법이다. 이는 절대 간과할 수 없는 게임의 주관적 효과이다. 2008년 매사추세츠병원 올슨Cherly K. Olson 연구팀은 논문을 통해 분노를 우회시키고 스트레스를 해소하기 위해 게임을 이용하는 것을 카타르시스 이론으로 설명했다. 이들은 게임을 하는 것이 이전부터 청소년들이 헤비메탈 음악과 같은 폭력적인 미디어를 통해 분노를 방출하고 스스로를 진정시키고자 했던 것과 유사한 원리라고 보았다.

또한 토레도대학교 펑크Jeanne B. Funk 연구팀은 2006년 초등학생과 대학생 그룹을 대상으로 게임을 통해 얻는 심리적 이점을 조사했다. 그 결과 소아들의 경우에는 게임 캐릭터와 흥미로운 상황에 대한 즐거운 몰입감과 경쟁자들을 제치고 승리했을 때 얻는 자신감을 게임의 주요 심리적 이점으로 보고했다. 또 젊은 성인들의 경우에는 스트레스와 지루함을 경감시켜 기분을 조절하고, 삶에 대한 흥미를 증가시켜주는 것이 주요 심리적 이점이라고 보고한 바 있다. 게임 이용이 건강한 행동인지 아니면 잠재적으로 위해한 행동인지는 아직 더 연구가 필요하다.

친사회성 비디오게임을 통한 사회성 개선

친사회성 비디오게임prosocial video game이란 게임 시행자 및 캐릭터들이 비폭력적인 방식으로 서로를 돕고 지지하는 내용의 게임을 말한다. 아이오와주립대학교의 버클리Katherine E. Buckley와 앤더슨Craig A. Anderson은 2006년도에 발표한 논문에서 일반 공격 모델General Aggression Model, GAM의 개념을 공격성 외의 범위까지 확장할 필요성을 주장하며 일반 학습 모델General Learning Model, GLM을 제안했다. GLM의 개념을 이용하면 친사회성 비디오게임이 이용자들에게 미치는 영향에 대한 설명이 가능하다.

인스브루크대학교 그레이트메이어Tobias Greitemeyer와 뮌헨대학교 오스왈드Silvia Osswald는 2010년, 친사회성 비디오게임 시행이 공감 능력을 증진시키고, 남의 불행을 즐거워하는 마음을 감소시키고, 친사회적 행동을 증가시키며, 공격성을 감소시킨다고 발표했다.

아이오와주립대학교 겐틸[Douglas A. Gentile] 연구팀은 2009년 서로 다른 문화를 가진 미국, 싱가포르, 일본 3개국에서, 서로 다른 연령대의 대상자들에게 서로 다르게 설계된 연구를 시행함으로써 친사회성 비디오게임 시행이 장단기적으로 친사회적 행동을 증가시킨다는 가설을 검증하고자 했다.

먼저 싱가포르의 중학생들을 대상으로 한 상관연구에서는 친사회적 게임을 많이 하는 학생일수록 친사회적으로 행동하는 경향이 높은 것이 관찰되었다. 일본의 소아와 청소년을 대상으로 한 종적연구에서는 친사회적 게임 시행이 향후 증가된 친사회적 행동 경향성을 예측할 수 있는 것으로 나타났다.

미국에서는 161명의 대학생들을 친사회적 게임, 폭력적 게임, 중립적 게임 시행군에 배정한 뒤, 그 결과를 관찰하는 실험적 연구를 시행했다. 게임 시행 이후 친사회적 행동을 평가하기 위해 피험자들로 하여금 난이도가 서로 다른 퍼즐 중 하나를 선택해 무작위로 배정된 자신의 파트너에게 주도록 지시했다. 폭력적 게임을 한 피험자들은 파트너에게 가장 어려운 퍼즐을 주는 경향이 높았던 반면, 친사회적 게임을 한 피험자들은 폭력적 게임을 한 피실험자에 비하여 파트너에게 쉬운 퍼즐을 주는 경우가 많았다.

그런가 하면 2012년 아이오와주립대학교 설림[Muniba Saleem] 연구팀은 대학생을 대상으로 친사회성 게임, 폭력적 게임, 중립적 게임이 각각 상태state 및 특성trait 정서에 미치는 영향을 연구해보았다. 그 결과 친사회성 게임은 상대에 대한 적대감을 약화시키고 긍정적 정서를 강화시키는 것으로 나타났다. 또한 이러한 긍정적인 영향은 특성적으로 낮은 신체적 공격성을 가진 피험자들 사이에서 더욱 두드러졌다.

이러한 연구 결과들은 친사회성 비디오게임이 사회성을 개선시키는 데 도움을 줄 수 있음을 보여준다.

기능성 게임의 의학 치료 이용

또한 다양한 의학 치료에 이용하기 위한 게임의 개발 및 연구가 활발히 진행되고 있다. 그 예로 게임을 통한 통증 조절을 들 수 있다. 원리는 통증을 인지하려면 의식적인 주의력이 필요한데, 게임을 하는 동안 일정량의 주의력이 게임으로 이동되면서 통증 인지가 감소한다는 것이다. 게임의 주의 분산 효과로 소아 암환자의 항암 치료 시 자주 발생하는 구토와 같은 부작용을 줄이고, 화상 환자 치료 시 통증을 경감시킨다는 연구 결과가 있었다.

스탠퍼드대학교병원 가토Kato 연구팀은 2008년 백혈병, 림프종 등의 암을 진단받은 청소년과 젊은 성인들을 대상으로 암 관련 정보들을 게임을 이용하여 자연스럽게 전달함으로써 자기 효능감, 치료 순응도가 높아지고, 병에 대한 지식 등 건강 관련 지표들이 향상되었다고 발표했다.

또한 게임이 척추 손상으로 휠체어가 필요한 환자나 심한 화상 환자에게, 물리 치료나 재활 치료의 한 유형으로서 효과가 있다는 연구 결과도 있다. 또 최근의 게임은 이용자의 신체 움직임이 추적 가능하고 이용자와 컴퓨터 간의 상호작용이 가능하도록 개발되어 뇌졸중 및 가벼운 인지기능 장애의 치료 도구로써의 가능성을 주목받고 있다.

물리 치료나 재활 치료의 도구로서 게임의 장점은 장애로 인한 불편감으로부터 주의를 전환하고, 치료를 수동적이고 고통스러운 과정으로 여기기보다는 능동적으로 참여하게 만든다는 것이다. 앞으로 통증 치료를 비롯한 다방면의 의학 치료에서 기능성 게임의 역할이 점차 강화되리라고 본다.

게임 경험을 실생활에 적용한 사례

최근 게임 몰입 경험을 살려 창조적 아이디어를 창출한 몇몇 예가 알려져 있다. 2014년 4월 2일 자 〈조선일보〉에 따르면 서울 S대학 입시사정관 전형 면접에서 한 여고생이 평소 취미로 좋아하던 스타크래프트게임과 수학-공간정보공학을 연관 지어 지원 동기를 밝혔고 결국 합격했다. 공간정보공학이란 3차원 공간정보를 획득·가공하고 효율적인 저장·활용법을 연구하는 학문 분야를 말한다. 이 학생은 다음과 같이 답했다고 한다. "게임 유저가 유닛에게 이동 명령을 내린다고 가정해보겠습니다. 우선 컴퓨터는 유닛의 현 위치와 목적지의 좌표를 각각 인식합니다. 그다음에는 둘 사이의 벡터 값을 구해 유닛이 최단 직선 경로로 움직이도록 명령을 내리죠. 각종 위치 추적 장치에 쓰이는 위성항법장치GPS도 같은 수학적 원리로 운용됩니다. 본인이 서 있는 위치가 좌표상의 수치로 변환돼 GPS로 보내지기 때문입니다."

소아 백혈병의 교육과 치료에 대한 용기를 주는 게임도 있다. 게임 리미션 re-mission은 온라인 게임이 의료 및 교육에 실질적으로 도움이 되는 것을 보여준 좋은 예다. 이 게임은 백혈병 환아 자신이 암 덩어리를 파괴하는 슛팅 게임으로, 아이들의 정체성을 두려움에 떠는 환자에게 암과 당당히 맞서 싸우는 용감한 '전사'로 탈바꿈한 게임이다.

중앙대학교병원에서는 게임을 이용한 유방암 환자의 항암제 도우미 프로그램을 진행한 바 있다. 30~40대 여성들이 즐겨하는 소셜네트워크 게임을 응용한 것으로 환자들이 복용하는 항암제가 게임의 요소가 되었고, 항암제가 가지는 부작용을 방지하는 내용이 게임의 주된 줄거리였다. 기존의 외래에서 진행되던 항암제 복용 교육과 부작용 교육보다 환자의 능동적 참여와 흥미를 이끌어낸 바 있다.

스마트폰 중독에 대비해야 하는가?

앞서 잠깐 살펴보았지만, 인터넷게임 중독에 이어 또 하나의 문제로 부각된 것이 '스마트폰 중독'이다. 스마트폰은 일반적인 휴대폰에서 가능했던 전화와 문제메시지는 물론, 인터넷 서핑을 하거나 메일, 유튜브, SNS 및 다양한 어플리케이션을 통한 특수한 기능까지 할 수 있는 그야말로 '똑똑한 휴대폰'이라 할 수 있다.

그리고 지나치게 똑똑한 이 기계는 텔레비전, 전화기, 컴퓨터, 휴대용 게임기 등의 모든 능력을 갖추고 있다. 그래서 아이들은 물론이고 어른들도 스마트폰 하나만 있으면 하루 종일 시간을 보낼 수 있게 되었다. 또한 휴대성이 간편하면서도 그 안에 숨겨져 있는 다양한 기능과, 생각보다 놀라운 성능 때문에 각종 웨어러블 디바이스, 실시간 추적이 필요한 의료 기구의 응용에 빠질 수 없는 인터페이스 기기가 되고 있다.

청소년기는 그 특성상 가족이나 선생님보다는 또래들과 더 많은 시간을 보내고 공감대를 형성하여 자신들의 세계관을 공유하는 시기인데, 스마트폰은 이들에게 또래들과의 관계를 맺어주는 좋은 매체로 자리매김했다.

스마트폰은 스트레스 해소 수단이 되기도 하고, 놀이 문화의 중심이자, 자신을 표현하는 사회적 활동의 장이라고도 볼 수 있다. 이것을 통하여 청소년들은 정체성을 형성하고 사회적 지지나 정서적 지지를 상호작용함으로써 독특한 문화를 형성해나가고 있다. 그런데 이러한 스마트폰이 정신건강에 있어서는 또 하나의 중독 문제로 대두되고 있다.

우리는 흔히 지나치게 스마트폰에 몰두함에 따라 스마트폰 사용에 내성과 금단 증상이 생겨 수면, 학업, 건강 등 일상생활에 어려움이 나타나는 현상을 '스마트폰 중독'이라 일컫는다. 하지만 이것은 사회적 통념에서 비롯된 정의이지 의학적인 근거는 부족한 상태다. 이에 대해 인터넷이 스마트폰 세계로 옮겨가면서 생긴 부차적인 개념으로 보는 학자들도 있다.

스마트폰 중독의 종류로는 게임, 음란물, 채팅, 인터넷 쇼핑, 정보 검색, SNS 등이 있다. 2013년 기준 우리나라 청소년의 스마트폰 중독률은 18.4퍼센트로 전년 대비 7퍼센트 증가하여 성인의 2배 수준으로 조사되었다. 또한 6~19세 청소년의 스마트기기 보유율이 전년 대비 3배 증가한 64.5퍼센트로 조사되었다. 이처럼 스마트기기의 이용 확산으로 인해 일상에서 스마트미디어에 대한 의존이 확대되어 중독 위험성이 심화될 것에 대한 우려가 있는 실정이다.

스마트폰 중독이라고 일컫는 증상들은 인터넷 중독에서 그 콘셉트를 가져온 것이므로 대부분 내용이 일치한다. 하지만 그중에도 차이점이 있다면 다음 세 가지 정도를 들 수 있다.

첫째 스마트폰은 어디서든 네트워크 접속이 가능하고, 사용자의 취향에 따라 다양한 프로그램을 사용할 수 있기 때문에 기존 컴퓨터 방식보다 사용 조절이 어려울 수 있다. 둘째 노트북은 2시간 이내에 전체 일일 사용 시간의 누적 95퍼센트에 달하지만 스마트폰은 8시간이 되어서야 누적 90퍼센트에 도달하는 롱테일long tail 이용 행태를 보인다. 셋째 콘텐츠별로 중독의 내용이 다를 수 있다. 기존의 인터넷 중독에서의 게임, 채팅, 음란물 중독뿐만 아니라 스마트폰에서는 SNS, 앱 중독 등의 새로운 카테고리가 만들어질 수 있다.

스마트폰 사용 문제를 하나의 단일 질환으로 진단하기 위하여 요구되는 의학적 연구는 아직 시작 단계다. 이에 대해 보다 많은 연구가 시행되어야 할 것으로 보인다.

치료자로서 아이들과 대화를 할 때, 가장 반가운 상황 중 하나
는 실타래처럼 엉킨 아이의 복잡한 문제를 풀기 위한 실마리를
찾았을 때다. 놀랍게도 그 실마리는 아이의 질문에서 시작되는
데, '내가 그것을 왜 해야 하는데요?' 혹은 '내가 그것을 왜 하면
안 되는데요?'라는 반항기 섞인 질문이 그것이다.

이는 '난 그것을 하겠다' 혹은 '하지 않겠다'는 의지의 표현이
기도 하지만, '생각해보니까 마음에 안 든다' 혹은 '생각해보니
까 어려울 것 같다'는 관심과 사실을 향한 의지의 표현이기도 하
다. 얼핏 아이들은 비논리적이고 엉뚱한 이유를 찾는 것처럼 보
이지만, 곰곰이 생각해보면 어른들이 흔히 통속적으로 믿고 있
는 것을 자신들의 논리로는 받아들이지 못하고 있는 것은 아닐
까 생각해본다. 나 역시도 그랬고, 이제 막 사춘기를 시작한 내
큰 아이도 그런 것 같다.

어릴 적, 부모님이 머리가 나빠진다고 하지 말라고 주의를 주었던 것이 두 가지 있다. 바로 커피와 전자오락이다. '커피 많이 마시는 것과 전자오락을 많이 하는 것 중 어느 것이 더 나쁠까?' 실제로 내가 어릴 때 많이 했던 고민이다. 게임을 많이 했던 나는 이 문제가 어쩌나 걱정이 되었던지 심지어 머리가 아프다는 핑계로 부모님과 함께 병원에 가서 엑스레이 사진을 찍어보기도 했다.

요즘 내 아내는 짧은 치마를 고집하는 큰 아이에게 너무 짧은 치마를 입으면 다리가 오히려 두꺼워진다고 말하곤 한다. 그러자 큰 아이는 교복을 입는 주중과 짧은 치마를 입는 주말에 다리 두께가 변하는지 매주 측정하고 있다.

내가 어릴 적 부모님은 커피의 카페인이 신경에 미치는 영향을 과학적으로 설명해주기 어렵고, 또 받아들이는 나의 이해 능력이 부족해서 제대로 설명을 못해주셨을 수 있다. 마찬가지로 아내 역시 너무 짧은 치마가 사회적 통념상 다소 오해를 받을 수 있다는 말이 어려워서 아이가 이해하지 못할 것이기 때문에 그렇게 설명했을 것이다. 하지만 아이들은 나름 이유를 찾으려 하고, 그 이유들이 납득되지 않으면 자신의 문제를 들여다보려 하지 않는다. 그 결과 부모와의 대화는 단절되기 쉽다.

아직 완벽하게 이해되기도 전에 발전해버린 IT 및 게임 문화에 대해 속 시원하게 설명해줄 수 있는 사람이 얼마나 있겠는가. 하지만 이에 대한 중립적 접근과 사실에 근접한 성실한 태도가 결국 아이들에게 인정받게 되지 않을까 생각한다.

하버드대학교 유학 후 한국으로 돌아와 '게임과몰입상담치료 센터'를 세우고 인터넷 및 게임으로 어려움을 겪고 있는 환자, 가족들을 체계적으로 만나기 시작했다. 게임문화재단과 병원 측의 후원을 받아 나의 치료 팀, 치료 유닛을 가지고 접근을 하니 사례도 많이 늘어나고 전국에서 치료하기 힘든 사례들이 하나둘 더해지기 시작했다. 미국으로 떠날 때 가졌던 '게임 중독'을 점령 해보겠다는 자만심을 버린 지는 오래였다. 내가 실력이 없는 의 사임이 밝혀지는 것은 그리 두려운 일은 아닌데, 정작 치료에서 해줄 것이 별로 없을 것 같다는 두려움이 컸다.

실제 현장에서 만난 인터넷과 게임 문제를 가진 환자와 가족 들은 정말 다양하면서도 심각하게 숨겨져 있는 기저 질환을 많 이 가지고 있었다. 그래서 더 힘들었다. 심한 스트레스, 우울증, ADHD, 사회성 부족, 가족관계의 단절, 부모의 양육방식의 문 제 등의 수많은 문제들을 밝혀내는 것은 게임과 인터넷 문제라 는 단단한 겉가죽을 벗겨내는 작업과 동시에 이루어져야 한다 는 단순한 진리를 깨달은 것도 500건 이상의 사례를 접하고 나 서였다.

내 어린 시절의 추억이자 현재진행형인 게임, 우리의 사회 작 용과 부작용을 모두 담고 있고 칭찬과 비난을 동시에 받고 있는 게임이 이제는 제대로 이해되었으면 좋겠다. 이에 대한 부작용이 없어졌으면 하는 것은 물론이다. 지금 어린 자녀를 둔 우리 부모들이 IT의 시작과 빠른 발전을 주도하고 만들어가고 있는 세대라고 생각한다. 인터넷과 게임의 만들어진 결과물뿐만 아니라, 만들어지고 있는 과정과 그 필요성도 깊이 경험했다. 앞으로 우리 아이들을 위해서라도 게임과 인터넷에 대한 객관적인 판단과 대책이 필요하다고 생각한다.

그런 점에서 이 책이 아이들은 물론 부모와 교사 들에게 조금이라도 도움이 되었으면 좋겠다. 게임과몰입상담치료센터의 시작을 같이한 정신과 교수님들, 전공의 선생님들, 우리 센터 직원들, 게임문화재단, 후원사, 문화체육관광부 여러분들께 진심으로 감사드린다.

저자들을 대표하여 한덕현

주요 참고문헌

김은영·이영식·한덕현·서동수·기백석, 인터넷 중독 성향을 보이는 남자 청소년들의 기질특성과 유전자 다형성, 신경정신의학 45(5), pp468~475, 2006

백점순, 현실요법 집단 상담 프로그램이 인터넷 중독 고등학생의 중독 수준과 자기효능감, 내부-외부 통제성 및 정신건강에 미치는 효과, 계명대학교, 2005

이영식, 인터넷 중독의 생물학적 원인 및 생물치료, 대한의사협회지, pp209~214, 2006

이형초, 인터넷 게임 중독의 인지행동 치료 프로그램 개발 및 효과 검증, 한국심리학회지 7(3), 2002

조성일 · 이영식 · 백형태 · 한덕현 · 기백석 · 박두병 · 고복자, 물질 중독 및 인터넷 중독 청소년에서의 불안정한 애착 형성과 충동성-주의력문제 신경정신의학 49(4), pp393~400, 2010

하지현·김현수, 인터넷 중독, 중독정신의학 한국중독정신의학회편, pp286~312, 2009

한덕현·이영식, 인터넷비디오게임이 공격성에 미치는 영향 신경정신의학 3월호 52, 57~66, 2013

한덕현, 인터넷 중독장애, 청소년정신의학 대한소아청소년정신의학회
편, pp166~174, 2012

American Psychiatric Association, Diagnostic and Statistical
Manual of Mental Disorders, 5th ed. Washington, DC., American
Psychiatric Press, 2013

Bavelier D, Green CS, Han DH, Renshaw PF, Merzenich MM,
Gentile DA. Brains on video games. Nat Rev Neurosci 2011;12,
pp763~768, 2013

Young Sik Lee, Doug Hyun Han, Sun Mi Kim, Perry F. Renshaw,
Substance abuse precedes internet addiction Addict Behav April
38(4), pp2022~5, 2013

Young Sik Lee, Jae Young Lee, Tae Young Choi, Jin Tae Choi,
Home visitation program for detecting, evaluating and treating
socially withdrawn youth in Korea PsychiatryandClinicalNeurosc
iences May 2013; 67(4), pp193~202, 2013

게임 과몰입 관련 정부 부처 기관 소개(2015년 기준)

번호	기관명	홈페이지 주소	전화번호	정부 부처
1	wee센터 (전국 180여 개)	http://wee.go.kr	02)2057-8701~7	한국교육개발원
2	I will센터	http://www.iwill.or.kr	1899-1822	서울시(6개소)
3	스마트쉼센터 (전국 14개소 운영)	http://www.iapc.or.kr	1599-0075	한국정보화진흥원
4	한국청소년상담 복지개발원	http://www.kyci.or.kr	(국번 없이) 1388	여성가족부

우리 아이가
하루 종일 인터넷만 해요

2015년 10월 30일 초판 1쇄 인쇄
2015년 11월 5일 초판 1쇄 발행

지은이 | 한덕현 · 이영식 · 신의진 · 손지현
발행인 | 이원주
책임편집 | 정선영
책임마케팅 | 이지희

발행처 | (주)시공사
출판등록 | 1989년 5월 10일(제3-248호)

주소 | 서울시 서초구 사임당로 82(우편번호 137-879)
전화 | 편집(02)2046-2850·마케팅(02)2046-2800
팩스 | 편집(02)585-1755·마케팅(02)585-1755
홈페이지 | www.sigongsa.com

ISBN 978-89-527-7513-9 13590